Mathematik im Fokus

Kristina Reiss
TU München, School of Education, München, Deutschland

Ralf Korn
Fachbereich Mathematik, TU Kaiserslautern, Kaiserslautern, Deutschland

Weitere Bände in dieser Reihe:
http://www.springer.com/series/11578

Dominik Leiss · Natalie Tropper

Umgang mit Heterogenität im Mathematikunterricht

Adaptives Lehrerhandeln
beim Modellieren

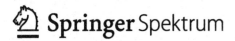
Springer Spektrum

Dominik Leiss
Natalie Tropper
Institut für Mathematik und ihre Didaktik
Leuphana Universität Lüneburg
Lüneburg, Niedersachsen
Deutschland

ISBN 978-3-642-45108-9   ISBN 978-3-642-45109-6   (eBook)
DOI 10.1007/978-3-642-45109-6

Die Deutsche Nationalbibliothek verzeichnet diese Publikation in der Deutschen Nationalbibliografie; detaillierte bibliografische Daten sind im Internet über http://dnb.d-nb.de abrufbar.

Mathematics Subject Classification (2010): 97-02, 97C70, 97D40, 97M99

Springer Spektrum
© Springer-Verlag Berlin Heidelberg 2014

Springer Spektrum ist eine Marke von Springer DE. Springer DE ist Teil der Fachverlagsgruppe Springer Science+Business Media
www.springer-spektrum.de

Inhaltsverzeichnis

Abbildungs- und Tabellenverzeichnis

Verzeichnis der verwendeten Abbildungen

Einleitung

1

Erstens bezögen sich Erziehung bzw. Unterricht nicht nur auf ein einzelnes Kind, sondern gleich auf einen ganzen ,Haufen', und zweitens würden sich die Kinder dieses ,Haufens' auch noch in vielerlei Hinsicht unterscheiden [...]. Er schlug vor, den Unterricht auf die ,Mittelköpfe' zu orientieren [...]. Damit beschreibt er eine Strategie, die für die Realität des deutschen Schulsystems nach wie vor prägend ist: Wenn Unterricht auf die Mittelköpfe, den imaginären Durchschnitt kalkuliert und kalibriert werden soll, dann ist es durchaus sinnvoll, die Abweichungen von diesem Durchschnitt möglichst gering zu halten: Je geringer die Abweichung, desto weniger über- bzw. unterfordert müssen all diejenigen sein, die vom Durchschnitt abweichen [...]. Und plausibel werden so dann all die Maßnahmen, mit denen man im deutschen Schulsystem Lerngruppen in Bezug auf die Lernvoraussetzungen der SchülerInnen möglichst weitgehend zu homogenisieren versucht.
Wischer (2007), zitiert nach Helmke (2009, S. 245)

1.1 Heterogenität als Problem, Chance und Ziel von Unterricht

Mit dem Bezug Wischers auf die ca. 250 Jahre alten Ausführungen des Pädagogikprofessors Ernst Christian Trapp (1745–1818) wird deutlich, dass weder Heterogenität noch der Umgang damit eine Erfindung des heutigen Schulsystems darstellt und auch nicht erst in den letzten Jahren zur Herausforderung für Lehrerinnen und Lehrer wurde. Vielmehr handelt es sich bei Heterogenität, also der Existenz von Verschiedenheit, um ein natürliches Gruppencharakteristikum von jeglichen miteinander interagierenden Individuen; also insbesondere auch von ca. 25 Lernenden und einer Lehrperson im Klassenraum.

D. Leiss und N. Tropper, *Umgang mit Heterogenität im Mathematikunterricht,*
Mathematik im Fokus, DOI: 10.1007/978-3-642-45109-6_1,
© Springer-Verlag Berlin Heidelberg 2014

Dessen ungeachtet scheint es im schulischen und wissenschaftlichen Kontext schon fast zum guten Ton zu gehören, zu betonen, dass die Heterogenität in Schulen insbesondere in den letzten Jahren zugenommen hat (siehe z. B. Buholzer und Kummer Wyss 2012), und es lassen sich für diese Behauptung auch aktuelle Gründe anführen:

- Die Zusammenlegung von Haupt- und Realschulen führt insbesondere zu einer Vergrößerung des Leistungsspektrums innerhalb der Schulklassen.
- Die kulturelle Heterogenität und das soziale Auseinanderdriften der Gesellschaft spiegeln sich auch im Klassenraum wider.
- Die stärkere Verlagerung von Erziehungsaufgaben aus der Familie in die Schule bedingt eine noch stärkere schulische Auseinandersetzung mit dem sozialen Miteinander.
- Die Integration von Inklusionskindern konfrontiert die Regelschule mit „neuen" Lernschwierigkeiten.
- Die differenziertere Wahrnehmung von Lernermerkmalen (Lerntypen, Denkstile, Dyskalkulie,…) lässt Heterogenität erst „entstehen".
- …

Inwieweit es sich bei diesen schulischen Veränderungen tatsächlich um eine historisch mehr oder weniger verstärkte Heterogenese im Klassenraum handelt oder nicht, wird wahrscheinlich eine offene Frage bleiben. Weniger offen ist allerdings die Feststellung, dass ein adäquater Umgang mit individuellen Lernvoraussetzungen eine zentrale unterrichtliche Herausforderung für Lehrpersonen darstellt und zudem einen beträchtlichen Einfluss auf den Lernerfolg der Schülerinnen und Schüler hat. So zeigen einerseits internationale Vergleichsstudien wie PISA, dass in Deutschland z. B. die soziale Herkunft einen maßgeblichen Einfluss auf den Bildungserfolg hat (siehe etwa PISA-Konsortium Deutschland 2004). Andererseits zeigen Untersuchungen wie z. B. die so genannte Hattie-Studie (Hattie 2012) auch, dass die aktuellen Maßnahmen der externen und internen Differenzierung nur eine überraschend geringe Bedeutung für den Erfolg von Lernprozessen haben. Insofern stellt sich vielleicht nicht mehr denn je, aber auf jeden Fall aktuell die Frage nach einem adäquaten Umgang mit Heterogenität. Ein Blick in die pädagogische und didaktische Literatur zeigt, dass auch heutzutage noch reformpädagogische Formulierungen und Empfehlungen für den Umgang mit Heterogenität dominieren, es aber zumeist unklar bleibt, wie sich das unterrichtliche Handeln konkret daran ausrichten kann. Dabei zeigt das von Weinert (1997, S. 51f.) in diesem Kontext dargelegte Spektrum der Konzepte zum Umgang mit Heterogenität die Komplexität dieser Thematik auf:

- Ignorieren der Lern- und Leistungsunterschiede
- Anpassung der Lernenden an die Anforderungen des Unterrichts
- Anpassung des Unterrichts an die (lernrelevanten) Unterschiede zwischen den Lernenden
- Gezielte Förderung der einzelnen Lernenden durch adaptives Lehrerhandeln.

Anzunehmen ist, dass je nach Handlungssituation das Heranziehen eines unterschiedlichen Konzepts naheliegt und wohl keine Patentrezepte für fachliches Lernen existieren (wie z. B. Schülerinnen und Schüler allein über die Vermittlung von Schlüsselqualifikationen zum selbstständigen Lernen zu befähigen). Als Ziel einer Berücksichtigung individueller Lernvoraussetzungen muss aber die individuelle Förderung und damit letztlich die Vergrößerung von Heterogenität und weniger die Genese des von Messner (1976) kritisierten imaginären Durchschnittsschülers stehen.

In diesem Spannungsfeld versucht das Buch durch einen intensiven Blick in die schulische Wirklichkeit einen Beitrag dazu zu leisten, wie – gerade in Zeiten eines kompetenzorientierten Mathematikunterrichts – unter schulischen Rahmenbedingungen eine individuelle Unterstützung von Lernprozessen so gelingen kann, dass alle Lernenden optimal gefördert werden.

1.2   Konzeption des vorliegenden Buchs

Die im Rahmen dieses Buchs berichteten empirischen Ergebnisse basieren auf Daten, welche im Rahmen des Forschungsprojekts DISUM (siehe z. B. Blum und Leiss 2007; Leiss et al. 2010; Schukajlow et al. 2012) erhoben wurden.[1] Der spezifische Fokus des Projekts lag auf der mikroanalytischen Betrachtung des unterrichtlichen Lehrerhandelns während der selbstständigkeitsorientierten Bearbeitung einer komplexen Modellierungsaufgabe. In diesem Zusammenhang wurde nicht nur analysiert, warum, auf welcher Ebene und mit welcher Intention die teilnehmenden Lehrpersonen in die Lösungsprozesse der Schülerinnen und Schüler eingriffen. Insbesondere wurde auch die Fragestellung verfolgt, inwiefern das beobachtete lösungsprozessbegleitende Unterstützungsverhalten der Lehrpersonen adaptiv auf situative Bedingungen und heterogene Lernvoraussetzungen der Schülerinnen und Schüler angepasst erschien.

Das vorliegende Buch richtet sich sowohl an Forschende, die sich mit unterrichtlichem Lehrerhandeln sowie der unterrichtlichen Vermittlung mathematischer Modellierungskompetenz auseinandersetzen, als auch an praktizierende Lehrkräfte, für die prozessbegleitende Lehrerinterventionen als spezifischer Teilaspekt des Umgangs mit Heterogenität im schulischen Fachunterricht (bzw. ganz konkret: im anwendungsbezogenen Mathematikunterricht) einen Teil der täglichen Unterrichtspraxis darstellen. Aus der Forschungsperspektive könnte dabei einerseits das geschaffene Instrumentarium zur Beschreibung unterrichtlicher Lehrerinterventionen von Interesse sein, welches eine kriterienorientierte Untersuchung prozessbegleitender Lehrerhandlungen allgemein sowie bezogen auf die Begleitung mathematischer Modellierungsprozesse erlaubt. Andererseits ermöglichen die im Verlauf des Buchs dargestellten Analysen vertiefte Einblicke in

---

[1] Das DISUM-Projekt wurde von der Deutschen Forschungsgemeinschaft von 2005 bis 2011 gefördert (DFG-Geschäftszeichen: BL 275/15).

unterrichtliche Lehrerinterventionen, zeigen aber zugleich die Notwendigkeit weiterer Forschungsbemühungen in diesem Bereich auf. Aus unterrichtspraktischer Sicht können die Resultate zum selbstständigkeitsorientierten Intervenieren sowohl die Komplexität dieses alltäglichen Aspekts des Unterrichtens aufzeigen als auch ein Bewusstsein für Einflussfaktoren auf und Charakteristika von Lehrerinterventionen schaffen, die im eigenen unterrichtlichen Handeln beobachtet und ggf. reguliert werden können.

Um zunächst eine Grundlage für die Beschäftigung mit der Thematik zu schaffen, wird sich in den Kap. 2 und 3 dieses Buchs auf theoretischer Ebene mit (adaptiven) Lehrerinterventionen sowie mathematischer Modellierungskompetenz und deren Vermittlung befasst. Den Kern des Werks stellt schließlich die Beschreibung einer empirischen Studie dar, in der prozessbezogene Lehrerinterventionen bei der selbstständigkeitsorientierten Begleitung mathematischer Modellierungsprozesse von Schülerinnen und Schülern explorativ untersucht wurden. Dazu werden zunächst in Kap. 4 Zielsetzung und methodisches Vorgehen der Studie dargestellt sowie in Kap. 5 die in allen Teilstudien eingesetzte Modellierungsaufgabe detailliert analysiert. Anhand qualitativer Fallanalysen sowie Häufigkeitsanalysen des gesamten erhobenen Datensatzes werden in Kap. 6 zentrale Resultate der Studie präsentiert. Im abschließenden Kap. 7 werden wesentliche Erkenntnisse der Arbeit zusammengefasst sowie deren Relevanz aus forschungsbezogener wie aus unterrichtspraktischer Sicht reflektiert.

Im weiteren Verlauf des Buchs werden zumeist die männlichen Formen von Professionsbezeichnungen (Lehrer, Schüler, Forscher usw.) verwendet. Dies geschieht ausschließlich aus Gründen der besseren Lesbarkeit und soll keine Bevorzugung des männlichen Geschlechts andeuten.

Literatur

Blum, W., & Leiss, D. (2007). Investigating quality mathematics teaching. The DISUM Project. In C. Bergsten & B. Grevholm (Hrsg.), *Developing and researching quality in mathematics teaching and learning. Proceedings of MADIF 5* (S. 3–16). Linköping: SMDF.

Buholzer, A., & Kummer Wyss, A. (2012). Heterogenität als Herausforderung für Schule und Unterricht. In A. Buholzer & A. Kummer Wyss (Hrsg.), *Alle gleich – alle unterschiedlich! Zum Umgang mit Heterogenität in Schule und Unterricht* (S. 7–13). Seelze-Velber: Klett/Kallmeyer.

Hattie, J. (2012). *Visible learning for teachers. Maximizing impact on learning.* New York: Routledge.

Helmke, A. (2009). *Unterrichtsqualität und Lehrerprofessionalität. Diagnose, Evaluation und Verbesserung des Unterrichts.* Seelze-Velber: Kallmeyer in Verbindung mit Klett.

Leiss, D., Schukajlow, S., Blum, W., Messner, R., & Pekrun, R. (2010). The role of the situation model in mathematical modelling. Task analyses, student competencies, and teacher interventions. *JMD, 31*(1), 119–141.

Messner, R. (1976). Didaktische Planung und Handlungsfähigkeit der Schüler. In A. Garlichs, K. Heipcke, R. Messner, & H. Rumpf (Hrsg.), *Didaktik offener Curricula. Acht Vorträge vor Lehrern* (S. 9–24). Weinheim: Beltz.

PISA-Konsortium Deutschland. (Hrsg.). (2004). *PISA 2003. Der Bildungsstand der Jugendlichen in Deutschland – Ergebnisse des zweiten internationalen Vergleichs.* Münster: Waxmann.

Schukajlow, S., Leiss, D., Pekrun, R., Blum, W., Müller, M., & Messner, R. (2012). Teaching methods for modeling problems and students' task-specific enjoyment, value, interest and self-efficacy expectations. *Educational Studies in Mathematics, 79*(2), 215–237.

Weinert, F. E. (1997). Notwendige Methodenvielfalt. In M. Meyer, U. Rampillon, & G. Otto (Hrsg.), Lernmethoden – Lehrmethoden – Wege zur Selbstständigkeit. Friedrich Jahresheft XV (S. 50–52). Weinheim: Beltz.

Wischer, B. (2007). Wie sollen LehrerInnen mit Heterogenität umgehen? Über "programmatische Fallen" im aktuellen Reformdiskurs. *Die Deutsche Schule, 99*(4), 422–433.

Lehrerinterventionen

2

Das nachfolgende Theoriekapitel befasst sich mit Lehrerinterventionen in heterogenen Lerngruppen während selbstständigkeitsorientierter Lern- bzw. Arbeitsphasen. In Abschn. 2.1 wird der Blick zunächst auf die diesem Thema zugrunde liegende Problematik gerichtet, dass in den Erziehungswissenschaften bislang Uneinigkeit bezüglich der Frage besteht, ob Lehrpersonen überhaupt in das selbstständige Arbeiten der Schüler eingreifen sollten. Abschnitt 2.2 thematisiert verschiedene Aspekte der Lehrerrolle, welche sich für die Begleitung entsprechender Phasen im Unterricht ergibt, sowie spezifische Ebenen des Intervenierens, die mit diesen Rollenaspekten verbunden sind. Als zentrales Element eines Lehrerhandelns, das die heterogene Schülerschaft in ihrem Arbeitsprozess individuell unterstützt, ohne diese zu stark in ihrer Selbstständigkeit einzuschränken, wird schließlich die Adaptivität der getätigten Lehrerintervention herausgestellt. In Abschn. 2.3 wird der diesbezügliche Forschungsstand zusammengefasst sowie ein daraus abgeleitetes Prozessmodell dargestellt, das die empirische Untersuchung (adaptiver) Lehrerinterventionen während der selbstständigkeitsorientierten Bearbeitung von Aufgaben ermöglichen soll.

2.1 Selbstständigkeit vs. Lehrerinstruktion

In den Erziehungswissenschaften im Allgemeinen wie auch in der Mathematikdidaktik im Speziellen ist eine Kontroverse über das adäquate Unterstützungsverhalten von Lehrern zur bestmöglichen Förderung bestimmter Kompetenzen von Schülern festzustellen. Hoops (1998, S. 247) spricht in diesem Zusammenhang von einer teilweise rigiden Polarisierung in ein „objektivistisches" und ein „konstruktivistisches" Lager, welche mit einer Dichotomisierung verschiedenster didaktischer Problembereiche einhergeht. Anschaulich steht hierbei die Effizienz der lehrerseitigen Instruktion, die weniger die Heterogenität der Lerngruppe als vielmehr den „imaginären Durchschnittsschüler" (Messner 1976, S. 16) berücksichtigt, einer extremen Lehrerzurückhaltung, die individuelle Konstruktions-

D. Leiss und N. Tropper, *Umgang mit Heterogenität im Mathematikunterricht*, Mathematik im Fokus, DOI: 10.1007/978-3-642-45109-6_2,
© Springer-Verlag Berlin Heidelberg 2014

prozesse der Lernenden in möglichst allen Phasen des Unterrichts ermöglichen soll, gegenüber. Die zugrunde liegenden, scheinbar gegensätzlichen Auffassungen eines eher instruktionalen und eines eher konstruktivistischen Ansatzes bezüglich Wesen und Wechselbeziehungen von Lehren und Lernen (Lompscher 2001, S. 394) treten insbesondere dann zu Tage, wenn Schüler in selbstständigkeitsorientierten und kooperativen Lernumgebungen agieren.

Die Forderung einer extremen Zurückhaltung des Lehrers wird hierbei theoretisch unter anderem durch das Konzept der Schlüsselqualifikationen (eingeführt durch Mertens 1974; siehe z. B. auch Beck 1997) gestützt. Demnach werden Lernende bereits durch die Aneignung gewisser überfachlicher Kompetenzen – etwa Zeitmanagement oder Konzentrationsfähigkeit – dazu befähigt, Lernprozesse möglichst autonom zu gestalten. Die Forschungsergebnisse einer von Dann et al. (1999) geleiteten Studie zum Gruppenunterricht scheinen die Position einer extremen Zurückhaltung der Lehrperson empirisch zu unterstützen. Die in diesem Rahmen durchgeführten Analysen des Lehrerhandelns zeigen, dass viele Lehrpersonen während kooperativer Lernphasen dazu neigen, permanent zu partizipieren, zu kontrollieren und zu lenken und dass sich dieses Verhalten negativ auf die Arbeitsergebnisse der Lernenden auswirkt (siehe hierzu insbesondere den Beitrag von Fürst 1999). Dies resultiert im Vorschlag der Autoren, während kooperativer Arbeitsphasen „möglichst wenig, (d. h. selten, kurz, am besten gar nicht) zu intervenieren". Auch eine mögliche Beobachtung der kooperativen Lernprozesse solle „aus der Distanz, d. h. sitzend vom Lehrertisch aus oder gar mit Hilfe von Videoaufzeichnungen" geschehen (Diegritz et al. 1999, S. 346). Das so charakterisierte Lehrerverhalten illustrieren die Autoren in einem später veröffentlichten Praxisband für Lehrer durch eine Grafik im Sinne von Abb. 2.1.

Auch Meyer (2007) führt in seinem Standardwerk zur Unterrichtsmethodik an, dass Lehrpersonen während kooperativer Lernphasen die Lernenden häufig „bei der Arbeit stör[en]" (ebd., S. 268) und dass diese durch die physische Nähe des Lehrers dazu verleitet werden, die Verantwortung für den Lernprozess an den Lehrer zurückzugeben. Seine resultierende Empfehlung ist jedoch eine etwas moderatere als die oben genannte: Zwar rät er zur starken Zurückhaltung in der ersten Hälfte einer Gruppenarbeitsphase und sieht es vor allem als Aufgabe des Lehrers, durch die Regulation sozialer und motivationaler Aspekte „die Verbindlichkeit der Gruppenarbeit herzustellen" (ebd., S. 270), betont aber die Notwendigkeit des Besuchs aller Arbeitsgruppen im weiteren Verlauf der Gruppenarbeit, um Schwierigkeiten der Lernenden und den Fortschritt des Arbeitsprozesses zu diagnostizieren.

Die Relevanz eines derartigen diagnostischen Handelns als Grundlage für ein situationsangemessenes Lehrerhandeln in kooperativen Lernumgebungen betonen etwa Seifried und Klüber (2006). In ihrer Untersuchung analysierten sie das Interventionsverhalten von Lehrpersonen in Gruppenarbeitsphasen nach verschiedenen Kriterien – u. a. nach dem Ausmaß der Informationsbeschaffung vor der Intervention, dem situationsgerechten Bezug der Intervention zum aktuellen Stand des Lernprozesses und dem Grad der Lenkung und Kontrolle, welche der Lehrer durch sein Interventionsverhalten ausübt. Die

Abb. 2.1 Empfohlene Lehrerrolle in kooperativen Lernumgebungen (in Anlehnung an Nürnberger Projektgruppe 2005, S. 51)

Ergebnisse zeigen, dass Interventionen häufig vom Lehrer selbst initiiert wurden und dass gerade bei diesen lehrerinitiierten Interventionen das Motiv der Kontrolle überwog (etwa durch das Geben von Arbeitsanweisungen). Dabei fand oft keine Diagnose des Intragruppengeschehens statt, sodass ein geringer situativer Bezug zum aktuellen Lernstand bestand und Gruppengespräche z. T. abrupt abgebrochen wurden. Weiterhin stellten sich Lernende auf ein entsprechendes Kontrollmotiv der Lehrperson ein und neigten zu häufigen Nachfragen oder berichteten sogar unaufgefordert über Fortschritte bei der Bearbeitung ihrer Aufgaben. Interventionen, die von den Lernenden selbst initiiert wurden – etwa bei auftretenden Schwierigkeiten –, waren hingegen mit einer stärkeren dem Eingreifen vorangehenden Diagnose der Lehrperson verbunden und konnten so besser an das Intragruppengeschehen angepasst werden. Insgesamt ziehen die Autoren den Schluss, dass es Lehrpersonen schwer fällt, ihre durch den Frontalunterricht erworbenen Kontroll- und Steuerungsstrategien in selbstständigkeitsorientierten Lernumgebungen abzulegen. Sie müssten deshalb lernen ihre gewohnten Handlungsmuster zu durchbrechen und sich auf ihre veränderte Rolle in selbstständigkeitsorientierten Lernumgebungen einzulassen, d. h. etwa sich insgesamt zurückzunehmen und weniger eigene Ansprüche in die Gruppenarbeit einzubringen. Nicht die Häufigkeit des Eingreifens sei für die Qualität der Eigenaktivität der Lernenden entscheidend, sondern vielmehr der z. B. durch eine vorangehende Diagnose hergestellte situationsangemessene Bezug der Intervention zum aktuellen Stand des Lernprozesses. Das Extrem der maximalen Lehrerzurückhaltung, wie es

etwa durch Abb. 2.1 ausgedrückt wird, wird also – sowohl bei Meyer (2007) als auch bei
Seifried und Klüber (2006) – relativiert vor dem Hintergrund der Relevanz prozessbezogener Diagnostik für kooperative, selbstständigkeitsorientierte Lernphasen.

Tatsächlich sind in Bezug auf eine extreme Zurückhaltung sowohl das Konzept der
Schlüsselqualifikationen als auch die empirisch basierten Schlussfolgerungen der Nürnberger Projektgruppe um Dann, Diegritz und Rosenbusch kritisch zu beurteilen:

Einerseits erscheint es problematisch, anzunehmen, dass es sich bei Schlüsselqualifikationen um allgemeine Kompetenzen handelt, die beliebig mit Inhalten verknüpfbar
sind und sich direkt an beliebigen Inhalten vermitteln lassen (Reusser 2001, S. 108). Lernen ist vielmehr – vor allem beim anfänglichen Kompetenzerwerb in einem bestimmten
Bereich – charakterisiert durch domänenspezifische Prozesse (vgl. z. B. Bransford et al.
1985). Erst durch umfassende Anwendungen und Erfahrungen kann Wissen überhaupt
transferierbar werden (Stebler et al. 1994). Doch auch Expertise in einem bestimmten
Sachbereich zeichnet sich nicht durch möglichst allgemeine Fähigkeiten bzw. Kompetenzen aus, sondern beruht auf einer umfassenden, bereichsspezifischen Wissensbasis und
einer Vielzahl auf den entsprechenden Bereich bezogener Strategien (Chi et al. 1981).

Andererseits hat die Nürnberger Projektgruppe in ihren empirischen Untersuchungen lediglich Charakteristika eines offenbar *inadäquaten* Interventionsverhaltens herausgestellt und geschlussfolgert, welche Konsequenzen diese für die Lernprozesse der
Schüler haben können. Hieraus kann jedoch keineswegs geschlossen werden, dass Lehrerinterventionen in selbstständigkeitsorientierten Gruppenarbeitsphasen per se abge-
lehnt bzw. unterlassen werden sollten. Ganz im Gegenteil kommen doch Meloth und
Deering (1999) aufgrund qualitativer Analysen von Lehrer-Schüler-Gesprächen in
kooperativen Lernphasen zu dem Ergebnis, dass bestimmte organisatorische, soziale und
inhaltsbezogene Lehrerinstruktionen erfolgversprechend in Bezug auf die Lernleistung
sind und sogar den Charakter von „mini-lessons" (ebd., S. 248) haben können, in denen
die Schüler auf relevante Aspekte aufmerksam gemacht werden, um ihnen unmittelbar
danach die Verantwortung für den Lernprozess zurückzuspielen. Zudem stellt Zutavern
(1995) im Projekt „Eigenständiger Lerner" heraus, dass Lehrer in Phasen selbstständigkeitsorientierter Schülerarbeit keineswegs überflüssig, sondern unverzichtbar und stark
gefordert sind. Insbesondere wurde deutlich, dass Lehrer im Rahmen eines Unterrichts,
der die Heterogenität der Lerngruppe berücksichtigt, die Möglichkeit haben, die Lernprozesse der Schüler durch adaptive Lernhilfen individuell zu fördern und zu unterstützen (ebd., S. 220).

Die Notwendigkeit einer derartigen Unterstützung kann abgeleitet werden aus zahlreichen empirischen Untersuchungen, die aufzeigen, dass das selbstständige Arbeiten
von Schülern in kooperativen Lernumgebungen häufig defizitär ist, und zwar sowohl
bezüglich der Qualität der stattfindenden Konversationen als auch bezüglich der Tiefe des
Verstehens (siehe hierzu die beiden Überblicksdarstellungen bei Pauli und Reusser 2000,
S. 426, und bei Webb 2009, S. 5f.). So folgert beispielsweise Webb (ebd., S. 6) aus der
vorgefundenen Sachlage: „Teachers […] have an important role to play in fostering

beneficial group dialogues and preventing debilitating processes". Auch Weinert (1996a, S. 7f.) betont, dass bei einem Vorgehen, welches die Lernenden zum größten Teil allein lässt, nicht nur Nichtkönnen droht, sondern auch, „dass es vor allem bei schwierigen Lernaufgaben ohne kompetente Steuerung und Unterstützung des Lernenden durch ‚Lehrende' zu Defiziten im systematischen Aufbau des Wissens, im Abstraktionsniveau der gelernten Informationen, in der Korrektheit der erworbenen Kenntnisse und im Erwerb effektiver Lernstrategien" kommen kann. Tatsächlich gibt es Hinweise darauf, dass eine individuelle prozessbegleitende Lernunterstützung effektiver in Bezug auf die Lernleistung ist als unbegleitete Formen des Lernens (z. B. Molenaar et al. 2011; van den Boom et al. 2007).

Dass eine Verortung im beschriebenen Grundkonflikt zwischen Eingreifen und Nicht-Eingreifen insbesondere im Zusammenhang des Konstruktivismus notwendig erscheint, stellt Messner (2004, S. 32) heraus:

> … ein falsch verstandener Konstruktivismus [wäre], vom einzelnen Kind oder Jugendlichen in der Schule zu verlangen, alle Inhalte selbst zu entdecken oder gar zu konstruieren. Die Konstruktivismus-Debatte hat jedoch darauf aufmerksam gemacht, dass Lernende im Unterricht aller Schulstufen im Rahmen der von ihren Lehrerinnen oder Lehrern inszenierten Inhaltlichkeit ausgiebig Gelegenheit erhalten müssen, die für das Verständnis der Unterrichtsthemen notwendigen kognitiven Aufbauleistungen aktiv, d. h. als eigene Konstruktionsleistungen zu vollziehen.

2.2   Lehrerrolle in selbstständigkeitsorientierten Lernumgebungen

Die im obigen Zitat geforderte Inszenierung von Inhaltlichkeit als notwendige Grundlage für eigene Konstruktionsleistungen der Schüler erfordert eine gegenüber stärker lehrerzentrierten bzw. instruktional geprägten Unterrichtsskripts veränderte Lehrerrolle.

Während Seifried und Klüber (2006) im Zusammenhang schülerzentrierter Arbeitsphasen allgemein von einer anderen Akzentuierung der Schüler- und Lehrrolle sprechen, die es in einem längerfristigen Lernprozess zu erwerben gilt, spricht de Lange (1996, S. 86) von einer Vielzahl zusätzlicher komplexer Anforderungen, die sich daraus für den Lehrer ergeben. Auch Reusser (2000, S. 85) betont die erhöhten Anforderungen an den Lehrer, der in einem entsprechenden Unterricht über „ein breiteres Repertoire an Methoden und didaktischen Inszenierungsmustern" verfügen müsse.

Ausgehend von den festgestellten Defiziten bezüglich Verstehens- und Konversationsqualität in unbegleiteten kooperativen Lernumgebungen (siehe Abschn. 2.1) stellen Pauli und Reusser (2000) schließlich verschiedene Rollenaspekte der Lehrperson für die Begleitung selbstständigkeitsorientierter kooperativer Lernprozesse heraus:

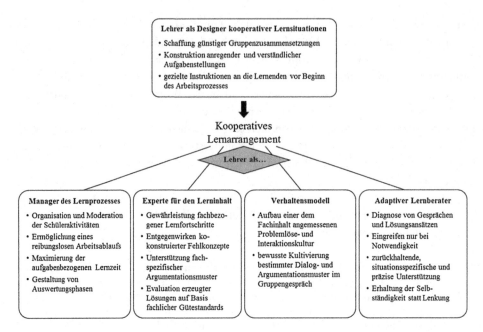

Abb. 2.2 Rollenaspekte und Anforderungen der Lehrperson bei selbstständigkeitsorientierten kooperativen Lernprozessen (in Anlehnung an Pauli und Reusser 2000)

- Als *Designer* der Lernumgebung sollte der Lehrer im Vorfeld des Unterrichts die Lernsituation mit allen für einen produktiven Lernprozess maßgeblichen Bedingungen schaffen.
- Als *Manager* des Lerngeschehens sollte er während des selbstständigkeitsorientierten Arbeitens für einen reibungslosen und effizienten Ablauf der Lernaktivitäten sorgen.
- Als *Experte* für den betreffenden Lerninhalt ist der Lehrer für die sachliche Korrektheit der entwickelten Problemlösungen verantwortlich.
- Als *Modell* für kooperatives und problemlösendes Verhalten sollte er eine sozial und fachlich angemessene Verhaltenskultur in der Lerngruppe etablieren.
- Als *adaptiver Lernberater* sollte er den Lösungsprozess bei Bedarf so unterstützen, dass die Schüler in ihrer Selbstständigkeit nicht zu stark eingeschränkt werden.

Die konkreten Anforderungen, die sich laut den Autoren aus den genannten Rollenaspekten für den Lehrer ergeben, sind in Abb. 2.2 zusammengefasst.

Auch in anderen Arbeiten, die sich mit der Lehrerrolle in selbstständigkeitsorientierten Lernumgebungen auseinandersetzen, wird ein ähnlich komplexes Rollenbild gezeichnet, wenn auch zum Teil mit anderer Schwerpunktsetzung. So betont beispielsweise Languth (2003) vor allem die Rolle diagnostischen Handelns, um derartige Lernprozesse adäquat initiieren, begleiten und steuern zu können. Webb (2009) arbeitet in einem Übersichtsartikel zur Thematik zahlreiche Facetten der Lehrerrolle heraus, die sich zum einen auf die Vorbereitung der

Lernumgebung, zum anderen auf das Verhalten während der selbstständigkeitsorientierten Gruppenarbeit beziehen. Sie betont, dass schon einige Forschungsergebnisse zu vorbereitenden Lehreranforderungen wie Zusammensetzung der Arbeitsgruppen, Auswahl von Aufgaben und Strukturierung der Arbeitsphasen existieren, dass aber noch wenige empirische Arbeiten zum – für die hier vorgestellte Studie zentralen – Bereich des Lehrerhandelns während einer derartigen Arbeitsphase bestehen (ebd., S. 12).

Ausgehend von den im unteren Teil von Abb. 2.2 aufgeführten Rollenaspekten, die sich auf das Lehrerhandeln während der selbstständigkeitsorientierten Gruppenarbeit beziehen, lassen sich verschiedene Ebenen ableiten, auf denen der Lehrer im Arbeitsprozess intervenieren kann:

So beziehen sich Interventionen, die der Lehrer in seiner Rolle als *Manager des Lernprozesses* vornimmt, vor allem auf die **organisatorische Ebene** des Lernprozesses. Dies betrifft etwa Aussagen zur zeitlichen Orientierung oder zur Herstellung der Disziplin innerhalb der Lerngruppe. Eine gute Organisation des Arbeitsprozesses stellt dabei eine Grundvoraussetzung für das Gelingen von Unterricht und speziell von selbstständigkeitsorientierten Gruppenarbeiten dar (Helmke und Weinert 1997).

Zur Gewährleistung eines effizienten Ablaufs des Lernprozesses sind häufig aber auch Interventionen auf der **affektiven Ebene**, die emotionale und vor allem motivationale Aspekte der Gruppenarbeit regulieren, vonnöten. Zech (2002) unterscheidet in diesem Zusammenhang „Motivationshilfen", die den Lernenden persönlich betreffen (ihm z. B. Mut machen sollen) und „Rückmeldungshilfen", die neben reiner Motivation auch gewisse Informationen enthalten, etwa dass die Lernenden sich bei ihren Lösungsbemühungen auf dem richtigen Weg befinden. Bei affektiven Interventionen ist jedoch zu beachten, dass ein komplexer Zusammenhang zwischen der Art des gegebenen Impulses und der damit erzielten Wirkung besteht (vgl. u. a. Rheinberg 1998). So kann etwa die intrinsische Motivation des Lernenden infolge einer durchaus positiv gemeinten affektiven Lehrerintervention geschwächt werden, nämlich „dann, wenn die extrinsische Verstärkung während der Handlungsausführung präsent ist und als kontrollierend erlebt wird" (Schiefele und Pekrun 1996, S. 256).

Die hier dargestellte Integration der organisatorischen und affektiven Ebene in eine Lehrerrolle findet sich etwa auch in der Darstellung von Serrano (1996, S. 117) wieder, bei der „Management/Motivation" als einer von drei Rollenaspekten während der individuellen Unterstützung von Lösungsprozessen aufgeführt wird.

Lehrerinterventionen, welche dem oben genannten Rollenaspekt *Experte für den Lerninhalt* entsprechen, thematisieren fach- und inhaltsspezifische Verfahren und Konventionen und beziehen sich deshalb auf die **inhaltliche Ebene** der Lernsituation. Dies kann sich auf fachliche Elemente des zu bearbeitenden Lerninhalts beziehen, also etwa auf Begriffe, Sätze und Verfahrensweisen, aber z. B. auch auf solche, die mit dem Lerninhalt in Verbindung stehende realitätsbezogene Zusammenhänge thematisieren. Es erscheint dabei nicht zwingend notwendig, dass – auch wenn empirische Studien die hiermit verbundene Gefahr aufzeigen (z. B. Dekker und Elshout-Mohr 2004; Chiu 2004) – durch inhaltliche Interventionen die Selbstständigkeit der Schüler eingeschränkt werden könnte.

Insbesondere dann können gezielte inhaltliche Impulse relevant werden, wenn dadurch Problemen wie z. B. Resignation oder Frustration, die den Fortgang des Lernprozesses stark beeinträchtigen könnten, entgegengewirkt werden kann (Meloth und Deering 1999, S. 253ff.).

Aus dem Rollenaspekt *Verhaltensmodell*, der verbunden ist mit dem Aufbau einer sachangemessenen Problemlöse- und Interaktionskultur, ergeben sich insbesondere Lehrerinterventionen auf der **strategischen Ebene**. Durch die Modellierung und Anregung kognitiver und metakognitiver Strategien kann der Lösungsprozess über den konkreten fachlichen Inhalt einer Aufgabenstellung hinaus erleichtert werden. Link (2011) zeigt etwa auf, wie strategische Interventionen sich positiv auf mathematische Problemlösungsprozesse von Schülern auswirken können. Während Walther (1985) im Zusammenhang strategischer Interventionen vor allem die Notwendigkeit der Förderung allgemeiner Kooperations- und Kommunikationsfähigkeiten betont, fokussiert Zech (2002) in seiner Taxonomie der Lehrerhilfen eher auf strategische Hilfen, welche sich unmittelbar auf die Informationsverarbeitung im Lernprozess beziehen. Um eine effektive Selbstregulation zu gewährleisten, ist zudem die Anregung metakognitiver Strategien, etwa Strategien zur Planung des Lernprozesses oder zur Steuerung der Aufmerksamkeit, von Relevanz (Artelt 2006). Im Rahmen strategischer Intervention kann es sich dabei insbesondere als effektiv in Bezug auf den Transfer zu vergleichbaren Lernsituation herausstellen, wenn Strategien nicht nur angeregt werden, sondern darüber hinaus den Schülern auf einer Metaebene verdeutlicht wird, welche Strategien ihnen über gewisse Hürden hinweg geholfen haben (Hasselhorn 2006; Zohar und Peled 2008).

Betrachtet man abschließend die letzte in Abb. 2.2 dargestellte Lehrerrolle, die des *adaptiven Lernberaters*, so lässt sich hieraus keine spezifische Ebene des Intervenierens, sondern vielmehr eine generelle Anforderung an Interventionen während selbstständigkeitsorientierter Lernprozesse ableiten. Um tatsächlich im Sinne von Messner (2004, S. 32; siehe Abschn. 2.1) allen Schülern zu ermöglichen, die zum Verständnis der unterrichtlichen Lerninhalte relevanten kognitiven Aufbauleistungen als eigene Konstruktionsleistungen individuell zu vollziehen, sollte das Lehrerhandeln stets adaptiv so auf die vorliegenden situationalen Bedingungen des oder der betroffenen Schüler angepasst sein, dass eine möglichst selbstständige Fortführung des Lösungsprozesses ermöglicht wird. Dies betrifft alle in den unterschiedlichen Lehrerrollen getätigten Interventionen, sodass die *Adaptivität* ein zentrales Merkmal unterrichtlicher Lehrerhandlungen mit dem Ziel der Erhaltung der individuellen Schüler-Selbstständigkeit in heterogenen Lerngruppen darstellt.

2.3 Adaptive Lehrerinterventionen

Adaptivität kann im hier diskutierten Zusammenhang zunächst grundlegend verstanden werden als bestmögliche Passung der Lehrerhandlungen mit den individuellen, sozialen und kognitiven Bedingungen der Lernenden (z. B. Corno 2008; Helmke und Weinert 1997). Die Adaption der Lehrerunterstützung an die Schülervoraussetzungen bildet das zentrale Element von Scaffolding als Konzept der individuellen Lernunterstützung (van de Pol 2012). Die damit verbundene Zielsetzung, den bzw. die Schüler in minimaler Weise so zu unterstützen, dass möglichst selbstständig weitergearbeitet werden kann, findet sich bereits zu Beginn des 20. Jahrhunderts in der Erziehungskonzeption Maria Montessoris „Hilf mir es selbst zu tun" (Hedderich 2001, S. 34) wieder. Vygotski sprach sich etwa zur selben Zeit für ein Unterstützungsverhalten aus, welches den Schüler befähigen sollte, die sogenannte „Zone der nächsten Entwicklung" (Vygotsky 1978, S. 86) zu erreichen. Auch Aeblis „Prinzip der minimalen Hilfe" (Aebli 1994, S. 300) entspricht dieser Sichtweise. Tatsächlich wird die Forderung eines individuell auf die einzelnen Schüler angepassten Lehrerhandelns durch verschiedene empirische Erkenntnisse gestützt, etwa durch die Scholastik-Studie (Weinert und Helmke 1996) oder die Untersuchung von Hogan et al. (2000). Zudem konnte die Relevanz der Diagnose von Lern- und Lösungsprozessen als Grundlage eines so charakterisierten Lehrerhandelns mehrfach empirisch bestätigt werden (siehe hierzu u. a. die Übersicht bei Webb 2009).

Betrachtet man das Wirkungsfeld adaptiver Lehrerinterventionen, so kann zwischen Adaptionen auf der Makro- und der Mikroebene unterschieden werden (siehe z. B. Corno und Snow 1986). Makroadaptionen stellen dabei längerfristig geplante, umfassendere Entscheidungen des Lehrers dar, die eher im Rahmen ganzer Unterrichtseinheiten umgesetzt werden. Beispielsweise meint dies den gezielten Einsatz bestimmter Instruktionsformen zur Erreichung eines Unterrichtsziels, etwa der Vermittlung allgemeiner oder fachspezifischer Lernstrategien. Mikroadaptionen hingegen betreffen innerhalb einer konkreten Lernsituation das spontane interaktive Verhalten des Lehrers mit Einzelschülern, Schülergruppen oder dem gesamten Klassenverband. Corno und Snow (1986) stellen strukturelle Gemeinsamkeiten zwischen beiden Adaptionsformen heraus: In beiden Fällen muss der Lehrer zunächst auf der Basis einer Diagnose situationsrelevanter Schülervoraussetzungen bewusst entscheiden, ob einzugreifen ist oder ob die Situation auch ohne Intervention erfolgreich fortgesetzt werden kann. Nach der Entscheidung für eine Intervention gilt es abzuwägen, welche der dem Lehrer verfügbaren Unterstützungsmaßnahmen durchgeführt werden soll. Schließlich gilt es, den Erfolg des durchgeführten Eingriffs zu validieren und entsprechend entweder erneut einzugreifen oder das Unterrichtsgeschehen ohne weitere Eingriffe weiterlaufen zu lassen.

Der Fokus der hier dargestellten Arbeit liegt dabei auf Mikroadaptionen während der Interaktion mit Einzelschülern oder ganzen Schülergruppen. Betrachtet man den diesbezüglich dargestellten Forschungsstand der Abschn. 2.1 und 2.2, so kann die Rolle des adaptiven Lernberaters bzw. die Notwendigkeit (mikro-)adaptiver Lehrerinterventionen u. a. daraus abgeleitet werden, dass sich einerseits völlig unbegleitete kooperative Lernprozesse häufig als defizitär herausgestellt haben und sich andererseits Lehrerinterventionen dann negativ auswirken können, wenn sie nicht genügend an die jeweilige Situation und ihre Akteure angepasst sind. Der Forderung nach adaptiven Lehrerinterventionen liegt jedoch eine ähnliche Problematik zugrunde, wie sie Shute (2008, S. 154) in ihrem Review-Artikel für den Bereich des lernprozessbegleitenden Feedbacks formuliert[1]: „The premise underlying most of the research conducted in this area is that good feedback can significantly improve learning processes and outcomes, if delivered correctly. Those last three words – ‚if delivered correctly' – constitute the crux of this review." Auch im Bereich adaptiver Lehrerinterventionen ist die Frage der adäquaten Umsetzung noch offen: Wenngleich derartige Lehrerinterventionen immer wieder als zentrales Element erfolgreichen Unterstützungsverhaltens im Unterricht angesehen werden (vgl. z. B. Beck et al. 2008; Corno 2008; Helmke und Weinert 1997; van de Pol 2012), so ist das Konstrukt Adaptivität noch nicht ausreichend operationalisiert und entsprechend schwer zu erfassen (Krammer 2009).

Zwar konnten bei der Untersuchung unterrichtlicher Lehrerhandlungen bereits einige Merkmale identifiziert werden, die in Bezug auf ein adaptives Interventionsverhalten als inadäquat zu bezeichnen sind, so etwa die Auslösung von Interventionen durch formale statt diagnostische Beweggründe (z. B. Haag 2005; Leiss 2010), ein hohes Maß an Kontrolle und direktiver Lenkung (z. B. Chi et al. 2001; Dann et al. 1999) oder eine geringe kognitive Aktivierung durch Lehrerfragen und -aufforderungen (Webb et al. 2006). Jedoch müssen wirksame Bestandteile einer adaptiven Unterrichtspraxis, die den Individuen in heterogenen Lerngruppen gerecht wird, noch herausgearbeitet werden (Corno 2008, S. 171). In diesem Zusammenhang existieren vereinzelte Studien, die gewisse Merkmale von Lehrerinterventionen bezüglich ihrer Wirkung auf die Lernleistung von Schülern gegenüberstellen:

- Selbsterklärungsprompts vonseiten des Lehrers, also Aufforderungen an die Schüler, selbstständig Erklärungen für ihr Handeln bzw. ihre Entscheidungen im Lernprozess zu generieren, führen eher zu Lernerfolgen, als wenn der Lehrer selbst instruktionale Erklärungen während des Lernprozesses gibt (VanLehn et al. 2003; Webb et al. 2009).
- Bei komplexen und anspruchsvollen Aktivitäten ist anzunehmen, dass insbesondere solche rückmeldenden Interventionen wirksam sind, die strategieorientierte Komponenten beinhalten und die Schüler anregen, vertieft über ihren Bearbeitungsprozess zu reflektieren (Hattie und Timperley 2007).
- Interventionen, welche die Schülerinteraktion während des kooperativen Arbeitsprozesses miteinbeziehen, können sich mitunter günstiger auf die Lernleistung auswirken als solche, die sich stets unmittelbar auf Aufgabeninhalte beziehen (Dekker und Elshout-Mohr 2004).
- Eine Untersuchung von Chiu (2004) ergab, dass sich ein hoher Grad an inhaltlicher Explizitheit häufig negativ auf den Lernerfolg auswirkt, während Interventionen, die – basierend auf einer Lernprozessdiagnose – weniger direkt gegeben werden, mit höheren Lernleistungen einhergehen.

---

[1] Die beiden Bereiche sind insofern verwandt, als verbale Formen derartigen Feedbacks einen Teilbereich unterrichtlicher Lehrerinterventionen darstellen.

Aus den genannten Ergebnissen, die jeweils nur isolierte Teilkomponenten des Lehrerhandelns im Unterricht betreffen, kann jedoch noch kein „Gesamtbild adaptiven Intervenierens" abgeleitet werden. Es stellt sich also nach wie vor die Frage, auf welche Weise Lehrpersonen in konkreten Situationen in selbstständigkeitsorientierten Unterrichtsphasen intervenieren sollten, um eine größtmögliche Selbstständigkeit aller Schüler zu gewährleisten. Dass Empfehlungen zum Lehrerhandeln in entsprechenden Lernumgebungen folglich eher vage und auf recht allgemeine Hinweise beschränkt bleiben, zeigt exemplarisch ein Überblick über deutschsprachige Literatur zur Thematik aus dem Bereich der Mathematikdidaktik:

- Hefendehl-Hebeker (1997, S. 9) empfiehlt, dass „angeleitete Selbstorganisation der Lernenden und Vermittlung durch die Lehrenden […] in ein ausgewogenes Verhältnis gebracht werden."
- Vollrath (2001, S. 68) rät dazu, Lösungshinweise, wenn möglich, zu vermeiden, damit die Schüler immer wieder Gelegenheit erhalten, Probleme selbstständig zu lösen.
- Ulm (2004, S. 14) empfiehlt, den Schülern in Phasen der Gruppenarbeit bei Bedarf Hilfen zu geben.
- Führer (1997, S. 31) unterscheidet die beiden Kategorien „wenig Lehrerhilfe" und „verstärkte Lehrerhilfe".
- Leuders (2001, S. 148 und 151) verwendet für den Lehrer in Phasen selbstständigkeitsorientierten Lernens den Begriff des Lernberaters, der v. a. strategische Hilfen gibt.
- Walther (1985, S. 122) fordert Lehrerhilfen, welche die Kooperations- und Kommunikationsmöglichkeiten im Rahmen der individuellen Lerntätigkeiten fördern sollen.
- Hole (1973, S. 122) rät zu Hilfestellungen, die auf einer „Stufenfolge von Impulsen" basieren und „immer direkter auf den Kern der Sache" hinführen.
- Wittmann (2005, S. 7) spricht von einer Unterstützung der verschiedenen Lösungswege durch „individuelle Hinweise zur Ergänzung und Überarbeitung" der Lösungsansätze.

Um weitere Erkenntnisse über (adaptive) Lehrerinterventionen gewinnen zu können und so längerfristig zu empirisch fundierten Empfehlungen für die Interventionspraxis von Lehrkräften zu gelangen, wurde schließlich – aufbauend auf dem vorliegenden Forschungsstand zur Thematik – ein allgemeines Prozessmodell für Lehrerinterventionen entwickelt. Ein derartiges Modell ist nur auf einer abstrakten Ebene möglich, da die konkrete Gestalt einer Intervention immer stark von situationalen Faktoren (dem zu bearbeitenden Inhalt, den Lernenden und deren Verhalten innerhalb des Lernprozesses) abhängt (Weinert 1996b, S. 29). Das in Abb. 2.3 dargestellte Prozessmodell stellt demnach eine generelle, d. h. weder problem- noch fachspezifische Abbildung eines Interventionsprozesses dar, welche die Analyse von Mikro-Interventionen während der selbstständigkeitsorientierten Bearbeitung von Aufgaben ermöglichen soll.

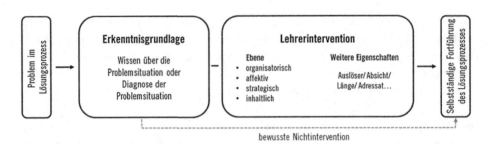

Abb. 2.3 Allgemeines Modell des Interventionsprozesses (in Anlehnung an Leiss 2007, S. 82)

Zunächst greift das Modell die Relevanz diagnostischen Handelns als Basis eines situationsangemessenen Interventionsverhaltens (vgl. Abschn. 2.1 und 2.2) auf. Bei Vorliegen eines (potentiellen) Problems im Lern- bzw. Lösungsprozess gilt es demnach zunächst, sich eine Erkenntnisgrundlage zu verschaffen. Dabei ist die Diagnose sowohl der allgemeinen Situation (z. B. Wie leistungsstark sind die beteiligten Schüler? Welche Interventionen wurden bereits getätigt?) als auch der spezifischen Problematik (z. B. Liegt ein inhaltliches oder anders geartetes Problem vor? Welche Ursache liegt dem Problem zugrunde?) relevant. In der Regel besteht dabei im Unterricht das Problem, dass der Lehrer aufgrund der großen Anzahl parallel stattfindender Lösungsprozesse nur einen Bruchteil des Lösungsgeschehens verfolgen kann und entsprechend über gewisse Informationen nicht verfügt und sich diese ggf. zunächst durch Rückfragen an die Schüler beschaffen muss (Brodie 2000).

Dabei muss nicht jedes Schülerproblem zwangsläufig zu einer lehrerseitigen Intervention führen. So ist auch denkbar, dass der Lehrer ausgehend von der gewonnenen Erkenntnisgrundlage bewusst die Entscheidung trifft, nicht oder noch nicht zu intervenieren (diese Möglichkeit ist u. a. im oben beschriebenen Modell der Mikro- und Makroadaptionen von Corno und Snow 1986 enthalten). Durch ein derartiges Verhalten kann den Lernenden die Gelegenheit gegeben werden, aufgetretene Hürden selbstständig zu überwinden. In diesen Fällen gilt es, den weiteren Verlauf des Lösungsprozesses wiederholt zu diagnostizieren, um bei Notwendigkeit – etwa bei unerwartetem Scheitern im Prozess oder bei volitionalen Problemen – doch noch eingreifen zu können.

Entscheidet sich der Lehrer bewusst für eine Intervention, so ist diese – entsprechend der oben genannten Kriterien – zurückhaltend, also unter größtmöglicher Erhaltung der Selbstständigkeit der Schüler, und situationsspezifisch, also auf die individuelle Ausgangslage sowie das situationsbezogene Handeln der Lernenden angepasst, durchzuführen. Eine zentrale Eigenschaft derartiger Interventionen ist die Ebene, auf welche sie sich beziehen (vgl. hierzu Abschn. 2.2). Um Lehrerinterventionen genauer charakterisieren zu können, kann zudem auf verschiedene in der Literatur beschriebene Eigenschaften von Interventionen zurückgegriffen werden, etwa (siehe auch Leiss 2007, S. 81):

- formale Äußerungsabsicht (z. B. Frage, Aussage, Aufforderung)
- prozessbezogene Äußerungsabsicht (z. B. Diagnose, Feedback, Hinweis)

- Länge (ein Wort ↔ mehrere Sätze) bzw. Dauer (kurze ↔ längere Eingriffe)
- Adressat (z. B. Einzelperson, Gruppe, Klasse)
- Häufigkeit (ein oder mehrere Interventionsimpulse).

Nach dem Einsatz der Intervention ergibt eine abschließende Evaluation des Interventions-erfolgs entweder, dass der Prozess selbstständig durch die Schüler fortgesetzt werden kann, oder dass erneut – nun ggf. mit veränderten Interventionseigenschaften – interveniert wer-den muss. Dass an dieser Stelle erneut die diagnostische Kompetenz des Lehrers zentral ist, führen Beck et al. (2008, S. 166) an: So ist eine derartige Kompetenz nicht nur zur Schaffung der (ursprünglichen) Erkenntnisgrundlage einer Interventionshandlung zentral, sondern insbesondere auch zur Diagnose der Auswirkungen der eigenen Handlung als Grundlage für weitere Interventionsentscheidungen.

Ausgehend vom so charakterisierten Interventionsprozess kann schließlich die der vor-liegenden Arbeit zugrunde liegende, speziell auf Mikroadaptionen während der Aufgaben-bearbeitung bezogene Definition adaptiver Lehrerinterventionen vorgenommen werden:

> Als **adaptive Lehrerinterventionen** werden solche (verbalen, paraverbalen und nonverbalen) Hilfestellungen des Lehrers definiert, die auf einer diagnostischen Grundlage basierend einen inhaltlich und methodisch angepassten minimalen Eingriff in den Lösungsprozess der Schüler darstellen, der sie befähigt, eine (poten-tielle) Barriere im Lösungsprozess zu überbrücken und diesen möglichst selbst-ständig weiterzuführen.

Für die praktische Umsetzung in der jeweiligen fach- und problemspezifischen Unter-richtssituation bedarf es jedoch einer Konkretisierung adäquater Hilfestellungen. Für die Unterstützung von Schülerlösungsprozessen beim mathematischen Modellieren, die im Fokus der im vorliegenden Buch beschriebenen Studie stehen, bedeutet dies, dass zu den mit diesem Aufgabentyp verbundenen Besonderheiten adäquate Lehrerinterventionen konkret benannt sowie deren Wirkung beschrieben werden müssen. Die Notwendigkeit eines adaptiven Unterstützungsverhaltens beim mathematischen Modellieren ergibt sich dabei nicht nur aufgrund der Tatsache, dass realitätsbezogene Problemstellungen häu-fig verschiedenste, von den individuellen Lernvoraussetzungen und Präferenzen eines Schülers abhängige Lösungswege erlauben. Vielmehr begegnen die Schüler im Prozess der Bearbeitung derartiger Problemstellungen auch zahlreichen, u. a. vom individuellen Lösungsweg abhängigen Hürden (siehe hierzu genauer das folgende Kapitel), auf die es als Lehrperson adäquat zu reagieren gilt. Zwar existieren erste Ansätze, die für einzelne Schritte des Modellierungsprozesses mögliche Lehrerinterventionen anführen (z. B. Oehl 1970, S. 124ff.; Verschaffel et al. 2000, S. 97), eine systematische Beschreibung und Beur-teilung von Lehrerinterventionen im Rahmen mathematischer Modellierungsprozesse stellt jedoch bislang ein Forschungsdesiderat dar.

Literatur

Aebli, H. (1994). *Zwölf Grundformen des Lehrens*. Stuttgart: Klett-Cotta.

Artelt, C. (2006). Lernstrategien in der Schule. In H. Mandl & H. F. Friedrich (Hrsg.), *Handbuch Lernstrategien* (S. 337–351). Göttingen: Hogrefe.

Beck, E., Baer, M., Guldimann, T., Bischoff, S., Brühwiler, C., Müller, P. (2008). *Adaptive Lehrkompetenz. Analyse und Struktur, Veränderbarkeit und Wirkung handlungssteuernden Lehrerwissens*. Münster: Waxmann.

Beck, H. (1997). *Schlüsselqualifikationen* (3. Aufl.). Darmstadt: Winkler.

Bransford, J. D., Arbitman-Smith, R., Stein, B. S., & Vye, N. J. (1985). Improving thinking and learning skills. An analysis of three approaches. In J. Segal, S. Chipman, & R. Glaser (Hrsg.), *Thinking and learning skills. Relating instruction to basic research* (S. 133–206). Hillsdale, NJ: Erlbaum.

Brodie, K. (2000). Teacher intervention in small-group work. *For the Learning of Mathematics, 20*(1), 9–16.

Chi, M. T. H., Feltovich, P. J., & Glaser, R. (1981). Categorization and representation of physics problems by experts and novices. *Cognitive Science, 5*(2), 121–151.

Chi, M. T. H., Siler, S. A., Jeong, H., Yamauchi, T., & Hausmann, R. G. (2001). Learning from human tutoring. *Cognitive Science, 25*, 471–533.

Chiu, M. M. (2004). Adapting teacher interventions to student needs during cooperative learning. How to improve student problem solving and time on-task. *American Educational Research Journal, 41*(2), 365–399.

Corno, L. (2008). On teaching adaptively. *Educational Psychologist, 43*(3), 161–173.

Corno, L., & Snow, R. E. (1986). Adapting teaching to individual differences among learners. In M. C. Wittroch (Hrsg.), *Handbook of research on teaching* (S. 605–629). New York: MacMillian Reference Books.

Dann, H.-D., Diegritz, T., & Rosenbusch, H. S. (Hrsg.). (1999). *Gruppenunterricht im Schulalltag. Realität und Chancen*. Erlangen: Univ.-Bund Erlangen-Nürnberg.

de Lange, J. (1996). Using and applying mathematics in education. In A. J. Bishop, K. Clements, C. Keitel, J. Kilpatrick, & C. Laborde (Hrsg.), *International handbook of mathematics education* (Bd. 1, S. 49–97). Dordrecht: Kluwer Academic Publishers.

Dekker, R., & Elshout-Mohr, M. (2004). Teacher interventions aimed at mathematical level raising during collaborative learning. *Educational Studies in Mathematics, 56*, 39–65.

Diegritz, T., Rosenbusch, H. S., & Dann, H.-D. (1999). Neue Aspekte einer Didaktik des Gruppenunterrichts. In H.-D. Dann, T. Diegritz, & H. S. Rosenbusch (Hrsg.), *Gruppenunterricht im Schulalltag. Realität und Chancen* (S. 331–356). Erlangen: Univ.-Bund Erlangen-Nürnberg.

Führer, L. (1997). *Pädagogik des Mathematikunterrichts. Eine Einführung in die Fachdidaktik für Sekundarstufen*. Wiesbaden: Vieweg.

Fürst, C. (1999). Die Rolle der Lehrkraft im Gruppenunterricht. In H.-D. Dann, T. Diegritz, & H. S. Rosenbusch (Hrsg.), *Gruppenunterricht im Schulalltag. Realität und Chancen* (S. 107–150). Erlangen: Univ.-Bund Erlangen-Nürnberg.

Haag, L. (2005). Gruppenmethode und Gruppenarbeit. *Pädagogik, 57*(3), 26–30.

Hasselhorn, M. (2006). Metakognition. In D. H. Rost (Hrsg.), *Handwörterbuch Pädagogische Psychologie* (S. 480–495). Weinheim: Psychologie Verlags Union.

Hattie, J., & Timperley, H. (2007). The power of feedback. *Review of Educational Research, 77*(1), 81–112.

Hedderich, I. (2001). *Einführung in die Montessori-Pädagogik*. München: Ernst Reinhardt Verlag.

Hefendehl-Hebeker, L. (1997). Gedanken zur Lehrerausbildung im Fach Mathematik. *DMV-Mitteilungen, 2*, 5–9.

Helmke, A., & Weinert, F. E. (1997). Unterrichtsqualität und Leistungsentwicklung. In F. E. Weinert & A. Helmke (Hrsg.), *Entwicklung im Grundschulalter* (S. 241–252). Weinheim: Psychologie Verlags Union.

Hogan, K., Nastasi, B. K., & Pressley, M. (2000). Discourse patterns and collaborative scientific reasoning in peer and teacher-guided discussions. *Cognition and Instruction, 17*(4), 379–432.

Hole, V. (1973). *Erfolgreicher Mathematikunterricht.* Freiburg: Auer Verlag.

Hoops, W. (1998). Konstruktivismus. Ein neues Paradigma für didaktisches Design? *Unterrichtswissenschaft, 26*(3), 229–253.

Krammer, K. (2009). *Individuelle Lernunterstützung in Schülerarbeitsphasen. Eine videobasierte Analyse des Unterstützungsverhaltens von Lehrpersonen im Mathematikunterricht.* Münster: Waxmann.

Languth, M. (2003). Lerngruppen begleiten als diagnostische Aufgabe. *Journal für Lehrerinnen- und Lehrerbildung, 3*(2), 55–59.

Leiss, D. (2007). *Hilf mir es selbst zu tun. Lehrerinterventionen beim mathematischen Modellieren.* Hildesheim: Franzbecker.

Leiss, D. (2010). Adaptive Lehrerinterventionen beim mathematischen Modellieren. Empirische Befunde einer vergleichenden Labor- und Unterrichtsstudie. *JMD, 31*(2), 197–226.

Leuders, T. (2001). *Qualität im Mathematikunterricht der Sekundarstufe I und II.* Berlin: Cornelsen Scriptor.

Link, F. (2011). *Problemlöseprozesse selbstständigkeitsorientiert begleiten. Kontexte und Bedeutungen strategischer Lehrerinterventionen in der Sekundarstufe I.* Wiesbaden: Vieweg + Teubner Verlag.

Lompscher, J. (2001). Lehrstrategien. In D. H. Rost (Hrsg.), *Handwörterbuch Pädagogische Psychologie. Schlüsselbegriffe* (2. Aufl., S. 394–401). Weinheim: Beltz PVU.

Meloth, M. S., & Deering, P. D. (1999). The role of the teacher in promoting cognitive processing during cooperative learning. In A. M. O'Donell & A. King (Hrsg.), *Cognitive perspectives on peer learning* (S. 235–255). Mahwah: Lawrence Erlbaum.

Mertens, D. (1974). Schlüsselqualifikationen. Thesen zur Schulung für eine moderne Gesellschaft. *Mitteilungen aus der Arbeitsmarkt- und Berufsforschung, 7*, 36–43.

Messner, R. (1976). Didaktische Planung und Handlungsfähigkeit der Schüler. In A. Garlichs, K. Heipcke, R. Messner, & H. Rumpf (Hrsg.), *Didaktik offener Curricula. Acht Vorträge vor Lehrern* (S. 9–24). Weinheim: Beltz.

Messner, R. (2004). Selbstständiges Lernen und PISA. Formen einer neuen Aufgabenkultur. In D. Bosse (Hrsg.), *Unterricht, der Schülerinnen und Schüler herausfordert* (S. 29–47). Bad Heilbrunn: Klinkhardt.

Meyer, H. (2007). *Unterrichtsmethoden. II: Praxisband* (12. Aufl.). Berlin: Cornelsen Scriptor.

Molenaar, I., van Boxtel, C. A. M., & Sleegers, P. J. C. (2011). Metacognitive scaffolding in an innovative learning arrangement. *Instructional Science, 39*(6), 785–803.

Nürnberger Projektgruppe. (2005). *Erfolgreicher Gruppenunterricht. Praktische Anregungen für den Schulalltag.* Leipzig: Klett.

Oehl, W. (1970). *Der Rechenunterricht in der Hauptschule.* Hannover: Schroedel.

Pauli, C., & Reusser, K. (2000). Zur Rolle der Lehrperson beim kooperativen Lernen. *Unterrichtswissenschaft, 31*(3), 421–441.

Reusser, K. (2000). Weiterentwicklung der fachpädagogischen Rolle der Lehrperson. *Beiträge zur Lehrerbildung, 18*(1), 85–86.

Reusser, K. (2001). Unterricht zwischen Wissensvermittlung und Lernen lernen. In C. Finkbeiner & G. W. Schnaitmann (Hrsg.), *Lehren und Lernen im Kontext empirischer Forschung und Fachdidaktik* (S. 106–140). Donauwörth: Auer Verlag.

Rheinberg, F. (1998). Paradoxe Effekte von Lob und Tadel. In D. H. Rost (Hrsg.), *Handwörterbuch Pädagogische Psychologie* (S. 530–535). Weinheim: Psychologie Verlags Union.

Schiefele, U., & Pekrun, R. (1996). Psychologische Modelle des fremdgesteuerten und selbstgesteuerten Lernens. In F. E. Weinert (Hrsg.), *Psychologie des Lernens und der Instruktion* (Bd. 2, S. 249–278). Göttingen: Hogrefe.

Seifried, J., & Klüber, C. (2006). Lehrerinterventionen beim selbstorganisierten Lernen. In P. Gonon, F. Klauser, & R. Nickolaus (Hrsg.), *Bedingungen beruflicher Moralentwicklung und beruflichen Lernens* (S. 153–164). Wiesbaden: VS-Verlag für Sozialwissenschaften.

Serrano, A. M. (1996). *Opportunities for on-line assessment during mathematics classroom instruction.* Unpublished manuscript, Los Angeles.

Shute, V. J. (2008). Focus on formative feedback. *Review of Educational Research, 78*(1), 153–189.

Stebler, R., Reusser, K.,& Pauli, C. (1994). Interaktive Lehr-Lern-Umgebungen. Didaktische Arrangements im Dienste des gründlichen Verstehens. In K. Reusser & M. Reusser-Weyeneth (Hrsg.), *Verstehen – Psychologischer Prozeß und didaktische Aufgabe* (S. 227–259). Bern: Verlag Hans Huber.

Ulm, V. (2004). *Mathematikunterricht in der Sekundarstufe für individuelle Lernwege öffnen.* Seelze-Velber: Kallmeyer.

van de Pol, J. E. (2012). *Scaffolding in teacher-student interaction. Exploring, measuring, promoting and evaluating scaffolding.* Doctoral Dissertation, University of Amsterdam.

van den Boom, G., Paas, F., & van Merriënboer, J. J. G. (2007). Effects of elicited reflections combined with tutor or peer feedback on self-regulated learning and learning outcomes. *Learning and Instruction, 17,* 532–548.

VanLehn, K., Siler, S. A., Murray, C., Yamauchi, T., & Baggett, W. B. (2003). Why do only some events cause learning during human tutoring. *Cognition and Instruction, 21*(3), 209–249.

Verschaffel, L., Greer, B., & de Corte, E. (2000). *Making sense of word problems.* Lisse: Taylor & Francis.

Vollrath, H.-J. (2001). *Grundlagen des Mathematikunterrichts in der Sekundarstufe.* Heidelberg: Spektrum.

Vygotsky, L. S. (1978). *Mind in society. The development of higher psychological processes.* Cambridge: Harvard University Press.

Walther, G. (1985). Zur Rolle von Aufgaben im Mathematikunterricht. In GDM (Hrsg.), *Beiträge zum Mathematikunterricht 1985* (S. 28–42). Bad Salzdetfurth: Franzbecker.

Webb, N. M. (2009). The teacher's role in promoting collaborative dialogue in the classroom. *Brisith Journal of Educational Psychology, 79,* 1–28.

Webb, N. M., Franke, M. L., De, T., Chan, A. G., Freund, D., Shein, P., et al. (2009). 'Explain to your partner': teachers' instructional practices and students' dialogue in small groups. *Cambridge Journal of Education, 39*(1), 49–70.

Webb, N. M., Nemer, K. M., & Ing, M. (2006). Small-group reflections: Parallels between teacher discourse and student behavior in peer-directed groups. *The Journal of the Learning Sciences, 15*(1), 63–119.

Weinert, F. E. (1996a). Für und Wider die "neuen Lerntheorien" als Grundlagen pädagogisch-psychologischer Forschung. *German Journal of Educational Psychology, 10*(1), 1–12.

Weinert, F. E. (1996b). Lerntheorien und Instruktionsmodelle. In F. E. Weinert (Hrsg.), *Psychologie des Lernens und der Instruktion* (Bd. 2, S. 1–47). Göttingen: Hogrefe.

Weinert, F. E., & Helmke, A. (1996). Der gute Lehrer: Person, Funktion oder Fiktion? In A. Leschinsky (Hrsg.), *Die Institutionalisierung von Lehren und Lernen* (S. 223–233). Weinheim: Beltz.

Wittmann, G. (2005) Individuell fördern – Voraussetzungen und Möglichkeiten. *mathematik lehren* (131), 4–8.

Zech, F. (2002). *Grundkurs Mathematikdidaktik. Theoretische und praktische Anleitungen für das Lehren und Lernen von Mathematik* (10. Aufl.). Weinheim: Beltz.

Zohar, A., & Peled, B. (2008). The effects of explicit teaching of metastrategic knowledge on low- and high-achieving students. *Learning and Instruction, 18,* 337–353.

Zutavern, M. (1995). Des einen Freud – des anderen Leid?! Über die Rolle von Lehrerinnen und Lehrern bei der Förderung von Eigenständigkeit. In E. Beck, T. Guldimann, & M. Zutavern (Hrsg.), *Eigenständig lernen* (S. 215–255). St. Gallen: UVK.

Mathematisches Modellieren

3

Mathematisches Modellieren, also die Bearbeitung realitätsbezogener Problemstellungen mithilfe mathematischer Mittel, stellt gegenwärtig ein zentrales, wenn auch in gewissen Bereichen empirisch noch zu wenig beforschtes Thema der Mathematikdidaktik dar (Blum et al. 2007). Die inhaltliche Relevanz der Thematik für den Mathematikunterricht erwächst nicht etwa aus der formalen bildungspolitischen Entscheidung der Einführung von Bildungsstandards mit Modellieren als einer von sechs zentralen Kompetenzen (Leiss und Blum 2006). Vielmehr wurden bereits vor Jahrzehnten zahlreiche formale, pragmatische, kulturbezogene, pädagogische und lernpsychologische Gründe für die unterrichtliche Behandlung von Modellierungsaufgaben formuliert (u. a. durch Pollak 1979; de Lange 1989; Blum 1995). So findet sich die Auseinandersetzung mit realitätsbezogenen Aufgaben auch in der Legitimation von Mathematik als allgemeinbildendem Schulfach durch Winter (1995) wieder: Als erste von drei für Allgemeinbildung unersetzlichen Grunderfahrungen sollte Mathematikunterricht ermöglichen „Erscheinungen der Welt um uns, die uns alle angehen oder angehen sollten, aus Natur, Gesellschaft und Kultur, in einer spezifischen Art wahrzunehmen und zu verstehen" (ebd., S. 37). Hierfür müsse vor allem anhand von Beispielen aus dem alltäglichen Leben erfahren werden, „wie mathematische Modellbildung funktioniert" (ebd., S. 38). Soll Mathematikunterricht entsprechend dieser Forderung Schüler dazu befähigen, Modellierungsprozesse durchzuführen, so stellt sich die Frage nach dem *Was?* und dem *Wie?* der unterrichtlichen Vermittlung. Hiervon ausgehend soll sich in Abschn. 3.1 zunächst dem Konstrukt mathematische Modellierungskompetenz als zu vermittelndem Lerninhalt angenähert werden, während Abschn. 3.2 den Fokus auf die Frage legt, wie diese Kompetenz im Unterricht vermittelt werden kann.

D. Leiss und N. Tropper, *Umgang mit Heterogenität im Mathematikunterricht*,
Mathematik im Fokus, DOI: 10.1007/978-3-642-45109-6_3,
© Springer-Verlag Berlin Heidelberg 2014

3.1   Mathematische Modellierungskompetenz

Auch wenn eine Vielzahl unterschiedlich akzentuierter Perspektiven auf bzw. Verständnisse von mathematischem Modellieren existiert (Kaiser und Sriraman 2006), so haben doch alle gemeinsam, dass Modellieren – im Sinne der oben genannten Winterschen Grunderfahrung – einen Beitrag zum Verständnis und zur Erklärung gewisser Teile der Realität leistet. Die Kompetenz zu Modellieren sollte entsprechend beinhalten, realitätsbezogene Problemstellungen in spezifischer Weise wahrzunehmen, sie in die Mathematik zu übersetzen, dort einer Lösung zuzuführen und diese wiederum auf ihre Eignung in der Realität zu überprüfen. Blomhøj und Jensen (2007, S. 48) definieren Modellierungskompetenz entsprechend als verständige Bereitschaft, alle Teile eines mathematischen Modellierungsprozesses zu durchlaufen, und betonen die Notwendigkeit von fachspezifischem Wissen und Fertigkeiten für Modellierungskompetenz. Ergänzend stellt Maaß (2006) als weitere zentrale Komponenten zur erfolgreichen Durchführung von Modellierungsprozessen sowohl metakognitives Handeln als auch das Erkennen und positive Beurteilen der Rolle von Mathematik zur Lösung realer Problemstellungen heraus.

Zahlreiche Studien belegen, dass die so definierte Kompetenz komplex ist und Lernende vielfältige Probleme beim Umgang mit mathematischen Modellierungsaufgaben haben (siehe u. a. Galbraith und Stillman 2006; Haines 2005; Ikeda und Stephens 1999; Maaß 2004; Stillman et al. 2010). Auch die PISA-Studie, bei der im Rahmen der internationalen Messung mathematischer Grundbildung u. a. die Modellierungskompetenz überprüft wurde, zeigt, dass mathematisches Modellieren Schülern weltweit Probleme bereitet (siehe u. a. Blum et al. 2004). Um Schülern gezielt Modellierungskompetenz vermitteln zu können, wird deshalb innerhalb der modellierungsbezogenen Forschung versucht, die Kompetenz möglichst genau zu charakterisieren. Da nach der oben verwendeten Definition Modellierungskompetenz an die Durchführung von Modellierungsprozessen gebunden ist, wird sich einer derartigen Charakterisierung häufig mithilfe sequentieller Darstellungen des Modellierungsprozesses angenähert, die dem Modellierungsprozess einen Kreislaufcharakter zuschreiben (ein Überblick über verschiedene Kreisläufe findet sich etwa bei Borromeo Ferri 2006). Im Zusammenhang der hier dargestellten Studie wurde dabei der Modellierungskreislauf von Blum und Leiss (2005, siehe Abb. 3.1) verwendet, der den Modellierungsprozess idealtypisch durch sieben Schritte beschreibt und dabei den Fokus insbesondere auf diejenigen Teile des Prozesses legt, die mit der außermathematischen Welt zusammenhängen (Haines und Crouch 2010).

Die einzelnen Schritte des Kreislaufs beschreiben dabei spezifische Teilanforderungen zum erfolgreichen Durchlaufen eines Modellierungsprozesses:

1. Verstehen der Realsituation und Konstruktion eines Situationsmodells
2. Bilden eines Realmodells durch Vereinfachen und Strukturieren der Situation
3. Bilden eines mathematischen Modells durch Mathematisieren des Realmodells

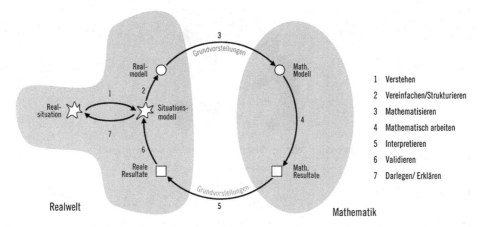

Abb. 3.1 Modellierungskreislauf (verändert nach Blum und Leiss 2005; vorliegende Version abgebildet in Holzäpfel und Leiss 2014)

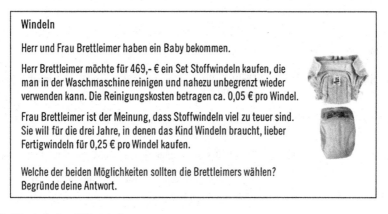

Abb. 3.2 Die Aufgabe „Windeln"

4. Lösen der dem mathematischen Modell zugrunde liegenden innermathematischen Problemstellung
5. Interpretieren des erzeugten innermathematischen Resultats
6. Validieren der realen Lösung bezüglich der realen Problemstellung, ggf. resultierend in einem erneuten Durchlauf des Kreislaufs
7. Darlegen und Erklären der Aufgabenlösung

Zur Illustration soll im Folgenden exemplarisch die Modellierungsaufgabe „Windeln" (Abb. 3.2) entlang dieser sieben Schritte gelöst werden (Abb. 3.3).

Zu beachten ist, dass es sich bei dem in Abb. 3.1 dargestellten Kreislauf um ein idealtypisches Modell des Modellierungsprozesses handelt. Die oben aufgeführten Schritte

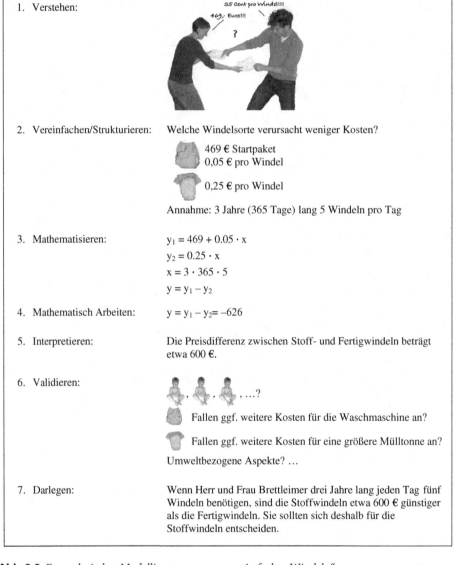

1. Verstehen:

2. Vereinfachen/Strukturieren: Welche Windelsorte verursacht weniger Kosten?

   469 € Startpaket
   0,05 € pro Windel

   0,25 € pro Windel

   Annahme: 3 Jahre (365 Tage) lang 5 Windeln pro Tag

3. Mathematisieren:
$$y_1 = 469 + 0.05 \cdot x$$
$$y_2 = 0.25 \cdot x$$
$$x = 3 \cdot 365 \cdot 5$$
$$y = y_1 - y_2$$

4. Mathematisch Arbeiten: $y = y_1 - y_2 = -626$

5. Interpretieren: Die Preisdifferenz zwischen Stoff- und Fertigwindeln beträgt etwa 600 €.

6. Validieren: , , , …?

   Fallen ggf. weitere Kosten für die Waschmaschine an?

   Fallen ggf. weitere Kosten für eine größere Mülltonne an?

   Umweltbezogene Aspekte? …

7. Darlegen: Wenn Herr und Frau Brettleimer drei Jahre lang jeden Tag fünf Windeln benötigen, sind die Stoffwindeln etwa 600 € günstiger als die Fertigwindeln. Sie sollten sich deshalb für die Stoffwindeln entscheiden.

Abb. 3.3 Exemplarischer Modellierungsprozess zur Aufgabe „Windeln"

ließen sich zwar bereits mehrfach empirisch nachweisen (z. B. Galbraith und Stillman 2006; Ludwig und Xu 2010; Treilibs et al. 1980). Reale Modellierungsprozesse orientieren sich jedoch nicht immer streng entlang eines solchen Kreislaufs, sondern sind z. T. durch individuelle Routen und Sprünge (Borromeo Ferri 2007; Meyer und Voigt 2010; Sol et al. 2011) sowie durch ein ständiges Wechselspiel zwischen inner- und außermathematischer Welt geprägt (Matos und Carreira 1995).

Derartige Modellierungskreisläufe werden in der Mathematikdidaktik zu verschiedenen Zwecken verwendet, etwa als Analyseinstrument für reale Modellierungsprozesse, als didaktisches Instrument zur Planung von Modellierungeinheiten oder als Möglichkeit zur Unterstützung von Schülern bei der Bearbeitung von Modellierungsaufgaben (für eine Übersicht siehe Kaiser et al. 2006, S. 83).

Zur Annäherung an das Konstrukt Modellierungskompetenz sind dabei insbesondere deskriptive Ansätze zentral, die versuchen, an Modellierungsprozessen beteiligte kognitive und metakognitive Aktivitäten genau zu beschreiben und analysieren. In verschiedenen derartigen Studien zeigte sich, dass alle Teilschritte des Modellierens potentielle kognitive Hürden für Lernende darstellen (z. B. Galbraith und Stillman 2006; Kramarski et al. 2002; Schukajlow 2011), woraus sich insbesondere die Notwendigkeit einer adäquaten unterrichtlichen Vermittlung aller am Prozess beteiligten Komponenten ergibt (siehe hierzu auch Abschn. 3.2). Weiterhin konnte innerhalb der deskriptiven Perspektive die Relevanz strategischer und speziell metakognitiver Handlungen für mathematisches Modellieren herausgestellt werden – als Möglichkeit Modellierungsprozesse unabhängig von der konkret vorliegenden Problemstellung selbstständig regulieren und reflektieren zu können (z. B. Doerr 2007; Maaß 2006), insbesondere aber auch als Reaktionen auf auftretende kognitive Hürden (Stillman et al. 2010; Stillman 2011). So konnten Stillman et al. (2010) Blockaden im Modellierungsprozess insbesondere auf zwei unterschiedliche Auslöser zurückführen: zum einen auf einen Mangel an Reflexion, zum anderen auf resistente, aber inkorrekte kognitive Schemata der Lernenden. Auch wenn der zweite Auslöser sich als schwerer zu überwindend herausstellte, konnte aufgezeigt werden, dass sich beiden Formen von Blockaden mithilfe metakognitiver Steuerungsaktivitäten begegnen lässt. In einer Folgestudie stellte Stillman (2011) fest, dass Lernende auf Schwierigkeiten im Modellierungsprozess zwar häufig mit metakognitiven Steuerungshandlungen reagieren, dass einige Formen solcher metakognitiver Reaktionen jedoch nicht zielführend sind (z. B. das Verwerfen des gesamten Lösungsprozesses ohne vorherige Verortung der Problemursache; eine Übersicht solcher Reaktionen findet sich ebd., S. 172). Stillman leitet daraus die Notwendigkeit ab, Lernende zu einem produktiven und routinierten Gebrauch von Strategien zu befähigen. Auch Burkhardt (2006) beschreibt die Vermittlung auf den Modellierungskreislauf bezogener Strategien als zentrales Element modellierungsbezogener Lernprozesse.

Auch wenn ein modellierungsbezogenes Strategierepertoire die Möglichkeit eröffnet, Modellierungsprozesse in variablen Kontexten durchzuführen, kann Modellierungskompetenz weder unabhängig von situationalen Kontexten erworben werden, noch handelt es sich um eine abstrakte Fähigkeit, die völlig unabhängig von einer vorliegenden Realsituation und den damit verbundenen Anforderungen aktivierbar ist. Niss und Jensen (2002) integrieren diese Aspekte in ein Kompetenzstrukturmodell, das Modellierungskompetenz als dreidimensionales Konstrukt versteht:

1. *degree of coverage*: das Ausmaß, in welchem eine Person in der Lage ist, die verschiedenen Teilkomponenten des Modellierens selbstständig zu aktivieren und koordinieren.
2. *radius of action*: die Bandbreite von Situationen (sowohl bezogen auf außermathematische Kontexte als auch auf mathematische Inhaltsbereiche), in denen eine Person ihre Modellierungskompetenz aktivieren kann.

3. *technical level*: der Grad der Komplexität von Konzepten und Methoden (z. B. mathematischen Modellen und Algorithmen), die eine Person in ihre Modellierungsaktivitäten einbeziehen kann.

Ein Mathematikunterricht, der Modellierungskompetenz vermitteln möchte, kann sich demnach nicht allein auf die abstrakte Vermittlung der in Abb. 3.1 aufgeführten Prozessschritte des Modellierens beschränken, sondern sollte gewährleisten, dass diese Schritte in variablen Situationen und auf verschiedenen technischen Anforderungsniveaus angewandt und durch entsprechende Reflexionen auf der Metaebene auf andere Modellierungsprobleme transferierbar werden.

3.2 Unterrichtliche Vermittlung von Modellierungskompetenz

Trotz der zu Beginn des Kapitels angedeuteten Relevanz der unterrichtlichen Behandlung von Modellierungsaufgaben bzw. Vermittlung von Modellierungskompetenz scheint die Thematik erst seit etwa zehn Jahren verstärkt im deutschen Mathematikcurriculum umgesetzt zu werden. So erfreuen sich gegenwärtig nur wenige Themen des deutschen Mathematikunterrichts – sowohl in der Fachdidaktik als auch in der Bildungspolitik – so großem Interesse wie das der Kompetenzorientierung (siehe etwa Niss 2003). Mathematische Modellierungskompetenz wird in diesem Zusammenhang als eine zentrale Kompetenz angesehen und soll von den Schülern verstärkt erworben, in zentralen Prüfungen angewandt und entsprechend von Mathematiklehrern kompetent und individuell auf die heterogenen Lernvoraussetzungen der Schüler angepasst vermittelt werden.

3.2.1 Lehrer als Vermittler von Modellierungskompetenz

Stellt man sich angesichts der oben genannten bildungspolitischen Forderungen die Frage, wie die in Abschn. 3.1 aufgeführten Facetten von Modellierungskompetenz erworben bzw. vermittelt werden sollen, werden in der Unterrichtspraxis wie auch in der fachdidaktischen Forschung verschiedene Desiderate deutlich.

So ist die Bedeutsamkeit von Modellierungskompetenz, trotz der Fülle unterschiedlicher Argumente für deren unterrichtliche Vermittlung, in der Vergangenheit von einem Großteil der Lehrerschaft nicht immer gesehen worden (de Lange 1989, S. 198). Auch gegenwärtig steht der Intention einer verstärkten Anwendungsorientierung des Mathematikunterrichts zum Teil eine schulische Praxis gegenüber, in der realitätsbezogene Aufgaben noch recht einseitig als Hilfsmittel zur Vermittlung innermathematischer Inhalte verwendet werden. So ergab die deutsche Lehrerbefragung bei PISA 2003 etwa, dass ca. 30 % der teilnehmenden Lehrer die Vermittlung von Modellierungskompetenz für wenig wichtig erachteten (Baumert et al. 2004, S. 324).

Blum und Niss (1991, S. 60ff.) zeigen durch ihre Auflistung curricularer Vermittlungsmöglichkeiten – von der gesonderten Thematisierung in einem separaten Modellierungskurs bis hin zu einer fächerübergreifenden Behandlung – auf, wie groß der schulische Handlungsspielraum zur Vermittlung von Modellierungskompetenz ist. Dennoch existieren bislang nur wenige theoretische Konzepte und neben produktorientierten Leistungsstudien nur wenige prozessorientierte und empirisch fundierte Erkenntnisse dazu, wie eine adäquate unterrichtliche Behandlung realitätsbezogener Problemstellungen gelingen kann bzw. wie entsprechende Lehr-Lern-Arrangements zu gestalten sind. Nur vereinzelt analysieren Studien verschiedene Unterrichtsmethoden zur Behandlung mathematischer Modellierungsaufgaben (z. B. Barbosa 2006; Tanner und Jones 1995) oder nehmen methodische Spezifika wie die Auswirkung des Einsatzes neuer Technologien bei der Bearbeitung komplexer Anwendungsaufgaben in den Blick (Kadijevich 2004). Zudem besteht auf theoretischer Ebene u. a. eine Diskussion darüber, ob Lehrer ihren Schülern mathematisches Modellieren im Rahmen eines ganzheitlichen Ansatzes oder vielmehr durch die gezielte Vermittlung einzelner Schritte des Modellierungsprozesses näher bringen sollten (siehe hierzu etwa Blomhøj und Jensen 2003; Blomhøj 2011). Ergänzend zu den genannten Beiträgen, die modellierungsbezogenen Mathematikunterricht eher auf einer allgemeinen Ebene thematisieren, existiert bislang nahezu keine Forschung zu der Frage, wie sich Lehrer in der konkreten unterrichtlichen Situation verhalten können bzw. sollten, während ihre Schüler sich mit Modellierungsaufgaben auseinandersetzen.

Doerr (2007, S. 76f.) betont in diesem Zusammenhang, dass mit der Vermittlung von Modellierungskompetenz insgesamt eine veränderte Lehrerrolle verbunden ist: Lehrer müssten im Rahmen einer kompetenzorientierten Behandlung von Modellierungsaufgaben flexibel auf individuelle Herangehensweisen bzw. Lösungswege der Schüler reagieren können. Zudem sei ihre übergeordnete Aufgabe während der Begleitung der Modellierungsprozesse die Anregung zur Interpretation, Erläuterung, Evaluation und Rechtfertigung gewählter Modelle. Auch Burkhardt (2006, S. 188) macht auf eine gegenüber der traditionellen Behandlung innermathematischer Problemstellungen veränderte Lehrerrolle und auf damit verbundene Anforderungen an den Lehrer aufmerksam. So müssten unter anderem Diskussionen in nicht-direktiver Weise angeleitet werden, Lernenden genügend Zeit zur gründlichen Exploration realitätsbezogener Problemstellungen gegeben sowie bei Bedarf strategische Hilfestellungen im Prozess geleistet werden. Noch ist jedoch nicht ausreichend empirisch erforscht, welche der geforderten Verhaltensweisen tatsächlich erfolgversprechend in Bezug auf ein adaptives Interventionsverhalten bzw. eine nachhaltige Unterstützung modellierungsbezogener Lernprozesse in heterogenen Lerngruppen sind. Erste Ansätze, sich explorativ mit prozessbezogenen Lehrerinterventionen beim mathematischen Modellieren auseinanderzusetzen, finden sich bei Leiss (2007, 2010) sowie Lingefjärd und Meier (2010). Insbesondere im Hinblick auf die in Abschn. 3.1 beschriebene Komplexität mathematischer Modellierungsprozesse müsste die modellierungsbezogene Forschung jedoch noch stärker auf den Lehrer und seine unterrichtlichen Interventionsmöglichkeiten fokussieren, um Lehrpersonen letztlich dazu befähigen zu können, Modellierungsprozesse von Schülern im Unterrichtsalltag effektiv, d. h. möglichst lernförderlich, unterstützen zu können.

3.2.2 Modellierungskreisläufe als zu vermittelnder Lerninhalt

Wenngleich bezüglich des adäquaten Lehrerhandelns bei der individuellen Begleitung mathematischer Modellierungsprozesse im Unterricht noch Unklarheit besteht, existieren mittlerweile Arbeiten, die auf die materialunterstützte Förderung von Modellierungskompetenz fokussieren. Dabei stehen insbesondere Modellierungskreisläufe bzw. schülernah vereinfachte Varianten der Kreisläufe im Zentrum. Kaiser et al. (2006, S. 83) führen – u. a. neben der in Abschn. 3.1 dargelegten deskriptiven Funktion – eine derartige Nutzung des lernunterstützenden Potentials von Modellierungskreisläufen als einen zentralen Verwendungszweck von Modellierungskreisläufen auf und betonen in diesem Zusammenhang insbesondere die Möglichkeit, auch metakognitive Aktivitäten der Schüler während des Modellierens anzuregen. Auch weitere Autoren (z. B. Galbraith und Stillman 2006; Meyer und Voigt 2010; Stillman et al. 2010) weisen auf diesen Verwendungszweck hin. Genauer sollen innerhalb dieses Ansatzes Modellierungskreisläufe als prozessbezogener, in der Regel strategieorientierter Lerninhalt vermittelt und so den Lernenden als stützende Struktur für das Lösen realitätsbezogener Problemstellungen an die Hand gegeben werden. Um die Schüler jedoch nicht mit der Komplexität eines wie in Abb. 3.1 dargestellten Modells zu überfordern, werden in diesem Zusammenhang vereinfachte und handlungsnah formulierte Varianten empfohlen (siehe etwa Borromeo Ferri und Kaiser 2008; Maaß 2004) bzw. in empirischen Studien verwendet (z. B. Krämer et al. 2012; Zöttl et al. 2010). Auch zahlreiche Schulbücher verwenden – sowohl im Primar- als auch im Sekundarbereich – Schemata, die Schülern das Lösen realitätsbezogener Problemstellungen vereinfachen sollen. Nachfolgend sollen exemplarisch mehrere dieser Schemata betrachtet werden (siehe Abb. 3.4 für die Primarstufe und Abb. 3.5 für die Sekundarstufe I).

Eine Betrachtung der Modellierungsschritte, die explizit durch die abgebildeten Schemata bzw. die darin enthaltenen Schritte und Hilfestellungen angesprochen werden, ergibt insbesondere die folgenden Aspekte:

- Alle abgebildeten Schemata thematisieren den Schritt des mathematischen Arbeitens.
- Jeweils fünf der insgesamt sechs Schemata thematisieren das Verstehen der Realsituation sowie die Validierung ermittelter Resultate (in beiden Fällen bis auf *Mathematik Denken und Rechnen, Klasse 6*).
- Das Interpretieren des mathematischen Resultats in Bezug auf die reale Problemstellung ist der am seltensten angesprochene Schritt: Keines der Schemata aus der Primarstufe thematisiert diesen Schritt in expliziter Weise. Bei den Beispielen aus der Sekundarstufe nehmen zwei von drei Schemata Bezug auf den Schritt.
- Die übrigen Schritte des Modellierungsprozesses (Vereinfachen und Strukturieren, Mathematisieren, Darstellen) werden jeweils von maximal zwei der drei Schemata innerhalb einer Schulstufe angesprochen.
- Fast alle Schemata beinhalten Hilfestellungen zu mindestens fünf der sieben Schritte aus Abb. 3.1, lediglich bei *Mathematik Denken und Rechnen, Klasse 6* werden nur drei Schritte angesprochen.

Zahlenreise, Klasse 4 (Beck, 2004, S. 12):	**„Erfolgreich sachrechnen** • die Aufgabe verstehen • Textstellen markieren • auf eigene Erfahrungen zurückgreifen • Überlegungen übersichtlich notieren (Liste, Tabelle, Skizze) • Informationen beschaffen • Denk- und Rechenwege darstellen • Wege und Ergebnisse vergleichen, prüfen, bewerten"
Zahlenzauber, Klasse 4 (Gierlinger, 2005, S.34):	„Sachaufgabenwerkstatt: **6 Schritte zur Lösung** […] • Lies genau. Worum geht es in der Aufgabe? Erzähle es mit eigenen Worten. • Was ist wichtig? Notiere wichtige Begriffe zum Rechnen. • Welcher Lösungsweg passt? Wonach ist gefragt? Welcher Lösungsweg ist für dich der beste? Was hilft dir? Eine Tabelle, Zerlegen in Teilrechnungen, wichtige Begriffe, …? • Vorüberlegungen zum Ergebnis. Hilft ein Überschlag? Was rechne ich aus, km, Zeit, €, …? • Rechne aus. • Kontrolliere. Passt die Antwort zur Frage? Kann das Ergebnis stimmen?"

Mathehaus, Klasse 4 (Fuchs & Käpnick, 2005, S. 139):	**„Tipps zum Lösen von Sachaufgaben**
	
	1. Lies …
	   • Worum geht es? Was ist gefragt?
	   • Verstehst du alle wichtigen Wörter?
	   • Was weißt du schon?
	2. Überlege einen … und rechne dann.
	   • Welche Hilfsmittel kannst du nutzen? (T…, S…, Pf…)
	   • Welche bekannten Rechenwege könnten dir nutzen?
	   • Schätze Ergebniszahlen.
	   • Rechne gründlich.
	3. Prüfe dein … und schreibe einen …
	   • Passen Ergebnis und Antwortsatz zur Frage?
	Ergänze."

Abb. 3.4 Schemata zur Lösung von Sachaufgaben in Schulbüchern der Primarstufe

*MatheNetz, Klasse 8,
(Cukrowicz,
Theilenberg &
Zimmermann, 2008, S.
161)*

„Modellieren

1. Text- und Situationsanalyse

2. Annahmen beim Modellieren

3. Übersetzen der realen Situation in ein mathematisches Modell

    3.1 Variablennamen einführen

    3.2 Aufstellen von Gleichungen für die gesuchten Größen

4. Bearbeiten im mathematischen Modell

5. Rückübersetzen vom Modell in die ‚Realität'

6. Erkunden der Grenzen des Modells"

*Mathewerkstatt,
Klasse 6, (Prediger,
Barzel, Hußmann &
Leuders, 2013, S. 108)*

„PADEK:

- **Problem verstehen**

- **Ansatz suchen**

- **Durchführen**

- **Ergebnis erklären**

- **Kontrollieren"**

*Mathematik Denken
und Rechnen, Klasse 6
(Golenia & Neubert,
2005, S. 94)*

„Sachsituationen schrittweise lösen

- Was soll berechnet werden?

- Welche Angaben sind nötig?

- Plane die Lösungsschritte.

    - Stelle Rechenfragen auf.

    - Fertige eine Skizze an.

- Führe die Lösungen durch.

    - Überschlag

    - Rechnung

- Vergleiche Überschlag und Rechnung.

- Schreibe den Antwortsatz."

Abb. 3.5 Schemata zur Lösung von Sachaufgaben in Schulbüchern der Sekundarstufe I

Zudem zeichnen sich die meisten der Schemata verglichen mit dem vor allem für Forschungszwecke geeigneten Modellierungskreislauf aus Abb. 3.1 durch (mehr oder weniger) konkret und handlungsnah formulierte Hilfestellungen aus. Lediglich *MatheNetz, Klasse 8* und *Mathewerkstatt, Klasse 6* verbleiben in ihrer Schrittabfolge auf einem relativ abstrakten Niveau. Betrachtet man weiterhin die Anzahl der im jeweiligen Schema

1. Aufgabe Verstehen

- Lies den Aufgabentext (noch einmal) genau durch!

- Stell dir die Situation konkret vor!

- Mache eine Skizze und beschrifte sie!

2. Mathematik suchen

- Suche die wichtigen Angaben und ergänze falls nötig fehlende Angaben!

- Beschreibe den mathematischen Zusammenhang zwischen den Angaben (z.B. mit einer Gleichung oder einer Formel)!

3. Mathematik benutzen

- Was weißt du zu diesem mathematischen Thema? Wende es hier an (z.B. Gleichung lösen, Formel umrechnen, Graph zeichnen)!

- Falls das nicht geklappt hat: Kannst du noch ein anderes mathematisches Verfahren anwenden?

4. Ergebnis erklären

- Runde dein Ergebnis sinnvoll!
- Überschlage, ob dein Ergebnis als Lösung ungefähr passt!
- Schreibe einen Antwortsatz auf!

Abb. 3.6 Instrument „Lösungsplan"

dargestellten Schritte, so stellt das Schema aus *Mathehaus, Klasse 4* das einzige dar, welches die thematisierten Modellierungsschritte für die Lernenden auf eine geringe Anzahl an Prozessschritten verdichtet.

Auch in einer der drei im vorliegenden Buch präsentierten Teilstudien sollen die Modellierungsprozesse der Schüler wie auch das begleitende Interventionsverhalten des dort agierenden Lehrers durch ein derartiges Prozessschema, den sogenannten „Lösungsplan", unterstützt werden (siehe Abb. 3.6).

Dieser Lösungsplan stellt eine Vereinfachung des Modellierungskreislaufs aus Abb. 3.1 dar, der alle Schritte des Kreislaufs beinhaltet, sie aber zu einer strukturell vereinfachten Variante mit weniger Schritten verdichtet. Innerhalb der Schritte wird dabei auf zentrale strategische Handlungen im Modellierungsprozess fokussiert, die für Modellierungsaufgaben unterschiedlicher Kontexte und unterschiedlichen Typs eingesetzt werden können und die als konkrete Handlungsanweisungen bzw. strategische Hilfestellungen für Schüler formuliert sind.

Mithilfe eines derartigen Instruments kann die Vermittlung von Modellierungskompetenz unterstützt werden, indem einerseits Schülern zur Bearbeitung realitätsbezogener

Problemstellungen zentrale Schritte und damit verbundene strategische Handlungen bereitgestellt werden können und andererseits Lehrpersonen das Instrument nutzen können, um auf der Grundlage der aufgeführten Handlungsanweisungen gezielt Interventionen für eine strategieorientierte und selbstständigkeitserhaltende Unterstützung der Modellierungsprozesse ihrer Schüler einzusetzen.

Literatur

Barbosa, J. C. (2006). Mathematical modelling in classroom. A socio-critical and discursive perspective. *ZDM, 38*(3), 293–301.

Baumert, J., Kunter, M., Brunner, M., Krauss, S., Blum, W., & Neubrand, M. (2004). Mathematikunterricht aus Sicht der PISA-Schülerinnen und -Schüler und ihrer Lehrkräfte. In PISA-Konsortium Deutschland (Hrsg.), *PISA 2003. Der Bildungsstand der Jugendlichen in Deutschland - Ergebnisse des zweiten internationalen Vergleichs* (S. 314–354). Münster: Waxmann.

Blomhøj, M. (2011). Modelling competency. Teaching, learning and assessing competencies – Overview. In G. Kaiser, W. Blum, R. Borromeo Ferri, & G. Stillman (Hrsg.), *Trends in teaching and learning of mathematical modelling. ICTMA 14* (S. 343–347). Dordrecht: Springer.

Blomhøj, M., & Jensen, T. H. (2003). Developing mathematical modelling competence. Conceptual clarification and educational planning. *Teaching Mathematics and its Applications, 22*(3), 123–138.

Blomhøj, M., & Jensen, T. H. (2007). What's all the fuss about competencies? In W. Blum, P. L. Galbraith, H.-W. Henn, & M. Niss (Hrsg.), *Modelling and applications in mathematics education. The 14th ICMI study* (S. 45–56). New York: Springer.

Blum, W. (1995). Applications and modelling in mathematics teaching and mathematics education. Some important aspects of practice and of research. In C. Sloyer, W. Blum,& I. D. Huntley (Hrsg.), *Advances and perspectives in the teaching of mathematical modelling and applications* (S. 1–20). Yorklyn: Water Street Mathematics.

Blum, W., Galbraith, P. L., Henn, H.-W., & Niss, M. (Hrsg.). (2007). *Modelling and applications in mathematics education. The 14th ICMI study*. New York: Springer.

Blum, W., & Leiss, D. (2005). Modellieren im Unterricht mit der "Tanken"-Aufgabe. *mathematik lehren* (128), 18–21.

Blum, W., Neubrand, M., Ehmke, T., Senkbeil, M., Jordan, A., Ulfig, F. (2004). Mathematische Kompetenz. In PISA-Konsortium Deutschland (Hrsg.), *PISA 2003. Der Bildungsstand der Jugendlichen in Deutschland - Ergebnisse des zweiten internationalen Vergleichs* (S. 47–92). Münster: Waxmann.

Blum, W., & Niss, M. (1991). Applied mathematical problem solving, modelling, applications and links to other subjects. State, trend and issues in mathematics education. *Educational Studies in Mathematics, 22*, 37–68.

Borromeo Ferri, R. (2006). Theoretical and empirical differentiations of phases in the modelling process. *ZDM, 38*(2), 86–95.

Borromeo Ferri, R. (2007). Modelling problems from a cognitive perspective. In C. Haines, P. Galbraith, W. Blum, & S. Khan (Hrsg.), *Mathematical modelling: Education, engineering and economics. ICTMA 12* (S. 260–270). Chichester: Horwood.

Borromeo Ferri, R., & Kaiser, G. (2008). Aktuelle Ansätze und Perspektiven zum Modellieren in der nationalen und internationalen Diskussion. In A. Eichler (Hrsg.), *ISTRON-Band 12. Materialien für einen realitätsbezogenen Mathematikunterricht* (S. 1–10). Hildesheim: Franzbecker.

Burkhardt, H. (2006). Modelling in mathematics classrooms. Reflections on past developments and the future. *ZDM, 38*(2), 178–195.

de Lange, J. (1989). Trends and barriers to applications and modelling in mathematics curricula. In W. Blum, M. Niss, & I. D. Huntley (Hrsg.), *Modelling, applications and applied problem solving* (S. 196–204). Chichester: Ellis Horwood.

Doerr, H. (2007). What knowledge do teachers need for teaching mathematics through applications and modelling? In W. Blum, P. L. Galbraith, H.-W. Henn, & M. Niss (Hrsg.), *Modelling and applications in mathematics education. The 14th ICMI study* (S. 69–78). New York: Springer.

Galbraith, P. L., & Stillman, G. (2006). A framework for identifying student blockages during transitions in the modelling process. *ZDM, 38*(2), 143–162.

Haines, C. (2005). Getting to grips with real world contexts. Some research developments in mathematical modelling. In *CERME 4. Proceedings of the fourth conference of the European Society for Research in Mathematics Education* (S. 1623–1633). Spain: Guixols.

Haines, C., & Crouch, R. (2010). Remarks on an modeling cycle and interpreting behaviours. In R. Lesh, P. Galbraith, C. Haines, & A. Hurford (Hrsg.), *Modelling students' mathematical modelling competencies* (S. 145–154). New York: Springer.

Holzäpfel, L., & Leiss, D. (2014). Modellieren in der Sekundarstufe. In H. Linneweber-Lammerskitten (Hrsg.), *Fachdidaktik Mathematik. Grundbildung und Kompetenzaufbau im Unterricht der Sek. I und II* (S. 159–178). Seelze: Friedrich Verlag.

Ikeda, T., & Stephens, M. (1999). The effects of students' discussion in mathematical modelling. In *9th International conference on the teaching of mathematical modelling and application.* Lissabon.

Kadijevich, D. (2004). How to attain a wider implementation of mathematical modelling in everyday mathematics education? In H.-W. Henn & W. Blum (Hrsg.), *ICMI study 14: Applications and modelling in mathematics education.* Pre-Conference Volume (S. 133–138). Dortmund: Universität Dortmund.

Kaiser, G., Blomhøj, M., & Sriraman, B. (2006). Towards a didactical theory for mathematical modelling. *ZDM, 38*(2), 82–85.

Kaiser, G., & Sriraman, B. (2006). A global survey of international perspectives on modelling in mathematics education. *ZDM, 38*(2), 302–310.

Kramarski, B., Mevarech, Z., & Arami, M. (2002). The effects of metacognitive instruction on solving mathematical authentic tasks. *Educational Studies in Mathematics, 49*(2), 225–250.

Krämer, J., Schukajlow, S., & Blum, W. (2012). Bearbeitungsmuster von Schülern bei der Lösung von Modellierungsaufgaben zum Inhaltsbereich Lineare Funktionen. *Mathematica Didactica, 35*, 50–72.

Leiss, D. (2007). *Hilf mir es selbst zu tun. Lehrerinterventionen beim mathematischen Modellieren.* Franzbecker: Hildesheim.

Leiss, D. (2010). Adaptive Lehrerinterventionen beim mathematischen Modellieren. Empirische Befunde einer vergleichenden Labor- und Unterrichtsstudie. *JMD, 31*(2), 197–226.

Leiss, D., & Blum, W. (2006). Beschreibung zentraler mathematischer Kompetenzen. In W. Blum, C. Drüke-Noe, R. Hartung, & O. Köller (Hrsg.), *Bildungsstandards Mathematik: konkret* (S. 33–50). Berlin: Cornelsen Scriptor.

Lingefjärd, T., & Meier, S. (2010). Teachers as managers of the modelling process. *Mathematics Education Research Journal, 22*(2), 92–107.

Ludwig, M., & Xu, B. (2010). A comparative study of modelling competencies among Chinese and German students. *JMD, 31*(1), 77–97.

Maaß, K. (2004). *Mathematisches Modellieren im Unterricht. Ergebnisse einer empirischen Studie.* Hildesheim: Franzbecker.

Maaß, K. (2006). What are modelling competencies? *ZDM, 38*(2), 113–142.

Matos, J., & Carreira, S. (1995). Cognitive processes and representations involved in applied problem solving. In C. Sloyer, W. Blum, & I. D. Huntley (Hrsg.), *Advances and perspectives in the teaching of mathematical modelling and applications* (S. 71–82). Yorklyn: Water Street Mathematics.

Meyer, M., & Voigt, J. (2010). Rationale Modellierungsprozesse. In B. Brand, M. Fetzer, & M. Schütte (Hrsg.), *Auf den Spuren interpretativer Unterrichtsforschung in der Mathematikdidaktik* (S. 117–148). Münster: Waxmann.

Niss, M., (2003). Mathematical competencies and the learning of mathematics. The Danish KOM Project. In A. Gagatsis & S. Papastavridis (Hrsg.), *3rd Mediterranean conference on mathematical education* (S. 115–124). Athens: The Hellenic Mathematical Society.

Niss, M., & Jensen, T. H. (Hrsg.). (2002). *Kompetencer og matematiklaering – Idéer og inspiration til udvikling af matematikundervisning i Danmark*. Kopenhagen: The Ministry of Education (Uddannelsesstyrelsens temahaefteserie 18).

Pollak, H., (1979). The interaction between mathematics and other school subjects. In ICMI (Hrsg.), *New trends in mathematics teaching* (VI, S. 232–248). Paris.

Schukajlow, S., (2011). *Mathematisches Modellieren. Schwierigkeiten und Strategien von Lernenden als Bausteine einer lernprozessorientierten Didaktik der neuen Aufgabenkultur*. Münster

Sol, M., Giménez, J., & Rosich, N., (2011). Projekt modelling routes in 12–16-year-old pupils. In G. Kaiser, W. Blum, R. Borromeo Ferri, & G. Stillman (Hrsg.), *Trends in teaching and learning of mathematical modelling. ICTMA 14* (S. 231–240). Dordrecht: Springer.

Stillman, G. (2011). Applying metacognitive knowledge and strategies in applications and modelling tasks at secondary school. In G. Kaiser, W. Blum, R. Borromeo Ferri, & G. Stillman (Hrsg.), *Trends in teaching and learning of mathematical modelling. ICTMA 14* (S. 165–180). Dordrecht: Springer.

Stillman, G., Brown, J., & Galbraith, P. (2010). Identifying challenges within transition phases of mathematical modeling activties at year 9. In R. Lesh, P. Galbraith, C. Haines, & A. Hurford (Hrsg.), *Modelling students' mathematical modelling competencies* (S. 385–398). New York: Springer.

Tanner, H., & Jones, S. (1995). Developing metacognitive skills in mathematical modelling. A socio-constructivist interpretation. In C. Sloyer, W. Blum & I. D. Huntley (Hrsg.), *Advances and perspectives in the teaching of mathematicsl modelling and applications* (S. 61–70). Yorklyn: Water Street Mathematics.

Treilibs, V., Burkhardt, H., & Low, B. (1980). *Formulation processes in mathematical modelling*. Nottingham: Shell Centre for Mathematical Education.

Winter, H. (1995). Mathematikunterricht und Allgemeinbildung. *Mitteilungen der Gesellschaft für Mathematik, 61*, 37–41.

Zöttl, L., Ufer, S., & Reiss, K. (2010). Modelling with heuristic worked examples in the KOMMA learning environment. *JMD, 31*(1), 143–165.

Zielsetzung und Methode der Studie

4

Ausgehend von den dargestellten theoretischen Grundlagen und den innerhalb der Bereiche *adaptive Lehrerinterventionen* (Abschn. 2.3) sowie *Vermittlung von Modellierungskompetenz* (Abschn. 3.2) festgestellten Forschungsdesideraten wurde die im Folgenden bezüglich Zielsetzung und Methodik genauer beschriebene Studie konzipiert und durchgeführt.[1] Die Daten bzw. Teile der Studie entstammen dem Forschungsprojekt DISUM (**D**idaktische **I**nterventionsformen für einen **s**elbstständigkeitsorientierten aufgabengesteuerten **U**nterricht am Beispiel **M**athematik), welches von 2005 bis 2011 von der Deutschen Forschungsgemeinschaft gefördert wurde. Der Fokus des hier berichteten Teils des Projekts lag dabei auf der mikroanalytischen Untersuchung prozessbezogener Lehrerinterventionen.

4.1 Untersuchungsziel und Forschungsfragen

Ein zentrales Anliegen der hier beschriebenen Untersuchung war die Schaffung einer konzeptionellen Grundlage zur Beschreibung von (adaptiven) Lehrerinterventionen beim mathematischen Modellieren sowie zur Untersuchung spezifischer Effekte derartiger Interventionen auf die Lösungsprozesse der Schüler. Zu diesem Zwecke wurden Lehrerinterventionen während der schülerseitigen Bearbeitung einer komplexen mathematischen Modellierungsaufgabe im Detail analysiert. Die Untersuchung orientierte sich dabei an den folgenden drei deskriptiv ausgerichteten Forschungsfragen:

1. Wie (adaptiv) intervenieren Lehrpersonen, die vertraut mit der unterrichtlichen Behandlung von Modellierungsaufgaben sind, während der selbstständigkeitsorientierten Bearbeitung derartiger Aufgaben durch die Lernenden?

---

[1] Über Teile der hier dargestellten Studie wurde bereits in Leiss (2007) und (2010) berichtet.

D. Leiss und N. Tropper, *Umgang mit Heterogenität im Mathematikunterricht*, Mathematik im Fokus, DOI: 10.1007/978-3-642-45109-6_4, © Springer-Verlag Berlin Heidelberg 2014

2. Welchen Einfluss haben generelle unterrichtliche Rahmenbedingungen (z. B. Zeitdruck, simultane Unterstützung mehrerer Lösungsprozesse) auf das Interventionsverhalten der Lehrpersonen?
3. Kann das Interventionsrepertoire eines Lehrers gezielt in einem bestimmten Bereich
   erweitert werden?

Aufgrund der noch relativ begrenzten Forschungslage im Bereich der Lehrerinterventionen (siehe Kap. 2) erschien zur Beantwortung der Fragestellungen eine qualitativ
orientierte Fallstudie mit einem eher explorativ-hypothesengenerierenden Ansatz als
geeignete Vorgehensweise zur Untersuchung der Fragestellungen.

4.2   Stichprobe

Die teilnehmenden Lehrpersonen der Studie waren vier hessische Lehrer, die alle aktiv
am Modellversuch SINUS teilgenommen hatten und zu Beginn der Studie bereits über
langjährige Erfahrungen als Mathematiklehrkräfte verfügten. Zudem gaben sie an, seit
mindestens fünf Jahren regelmäßig Modellierungsaufgaben in ihrem Mathematikunterricht einzusetzen.

Die etwa 130 beteiligten Schüler aus Haupt- und Realschule sowie Gymnasium befan-
den sich zum jeweiligen Zeitpunkt ihrer Teilnahme an der Studie im zweiten Halbjahr
der 9. Jahrgangsstufe und hatten im Mathematikunterricht bereits die zur Lösung der
Modellierungsaufgabe „Tanken" (siehe Abschn. 4.3 und Kap. 5) notwendigen innermathematischen Inhalte kennengelernt.

4.3   Modellierungsaufgabe „Tanken"

Allen analysierten Labor- und Unterrichtsituationen war gemeinsam, dass die teilnehmenden Schüler die mathematische Modellierungsaufgabe „Tanken"[2] (Abb. 4.1)[3] bearbeiteten.

Bei der Aufgabe handelt es sich um eine – sofern das im schulischen Kontext möglich
ist – authentische Modellierungsaufgabe mit einer offenen Fragestellung. Diese verlangt
die Abwägung zwischen zwei möglichen Optionen in einer komplexen Realsituation,

---

[2] Auch wenn die Idee zu dieser Aufgabe bei einer realen Autofahrt zum Tanken nach Luxemburg
entstanden ist, so sei angemerkt, dass eine ähnliche Aufgabenidee bereits 1985 publiziert wurde
(vgl. Walther 1985).

[3] Die Aufgabe kam in den verschiedenen Teilstudien einerseits mit *Frau Stein*, andererseits aber
auch mit *Herr Stein* als Protagonisten zum Einsatz, sodass in später dargestellten Schülerlösungen und Transkriptausschnitten sowohl die weibliche als auch die männliche Variante auftreten
können. Zudem enthält die Variante mit *Herr Stein*, da sie zu einem früheren Zeitpunkt eingesetzt
wurde, etwas geringere Kraftstoffpreise als in Abb. 4.1.

> **Tanken**
>
> Frau Stein wohnt in Trier nahe der Grenze zu Luxemburg. Deshalb fährt sie mit ihrem VW Golf zum Tanken nach Luxemburg, wo sich direkt hinter der 20 Kilometer weit entfernten Grenze eine Tankstelle befindet. Dort kostet der Liter Benzin nur 1,05 Euro im Gegensatz zu 1,30 Euro in Trier.
>
> Lohnt sich die Fahrt für Frau Stein? Begründe.

Abb. 4.1 Die Aufgabe „Tanken"

die von einer Vielzahl von Parametern abhängt, und stellt deshalb wesentliche Modellierungsanforderungen an den Aufgabenbearbeiter. Entsprechend erschien die Aufgabe aus theoretischer Sicht geeignet zum Einsatz in der vorliegenden Studie, da davon ausgegangen werden konnte, dass sie mit hoher Wahrscheinlichkeit Lehrerinterventionen im Bearbeitungsprozess initiiert. Eine detaillierte Analyse der Aufgabe u. a. bezüglich inhaltlicher und mathematischer Anforderungen, möglicher Lösungswege und theoretischer sowie empirischer Schwierigkeiten, die in verschiedenen Vorstudien im Rahmen des DISUM-Projekts ermittelt wurden, wird in Kap. 5 vorgenommen.

4.4   Drei Teilstudien

Zur Beantwortung der oben aufgeführten Forschungsfragen wurden drei Teilstudien in unterschiedlichen Settings durchgeführt (siehe Abb. 4.2), die alle gemeinsam hatten, dass die Schüler die Modellierungsaufgabe „Tanken" bearbeiteten und dass die Lehrer die Lösungsprozesse begleiteten und unterstützten.

Unterrichtsstudie Um untersuchen zu können, wie die teilnehmenden Lehrpersonen während der selbstständigkeitsorientierten Bearbeitung einer Modellierungsaufgabe im Unterricht intervenieren, wurde eine Unterrichtsstudie durchgeführt: Jede der Lehrpersonen musste die Aufgabe „Tanken" in einer regulären Unterrichtsstunde im Mathematikunterricht einer ihrer neunten Klassen behandeln (insgesamt waren drei Gymnasialklassen und eine Hauptschulklasse beteiligt). Die Schüler saßen dabei an Gruppentischen, den Lehrern wurde jedoch explizit offengelassen, in welcher Sozialform sie die Aufgabe bearbeiten ließen. Vorab wurde mit jedem der vier Lehrer ein Treffen durchgeführt, bei welchem intensiv sowohl über den eigenen Lösungsweg zur Aufgabe „Tanken" als auch über mögliche subjektive Lösungsräume der Aufgabe (siehe hierzu Newell und Simon 1972 und insbesondere Abschn. 5.2.2) gesprochen wurde. Zusätzlich erhielten die Lehrer die Instruktion, die Schüler gemäß Maria Montessoris Prinzip „Hilf mir es selbst

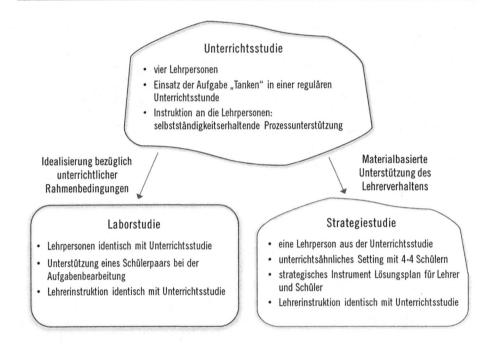

Abb. 4.2 Übersicht der drei Teilstudien

zu tun" während der Aufgabenbearbeitung so selbstständigkeitserhaltend wie möglich im Prozess zu unterstützen. Auf genauere Instruktionen (z. B. zum Ablauf der Arbeitsphasen) wurde bewusst verzichtet, um die konkrete Umsetzung dieser globalen Handlungsanweisung der Expertise der jeweiligen Lehrperson zu überlassen.

Laborstudie Um Erkenntnisse über den Einfluss unterrichtlicher Rahmenbedingungen auf das Interventionsverhalten der Lehrer zu gewinnen, wurde eine Laborstudie durchgeführt, in welcher das Lehrerverhalten unter idealisierten Bedingungen (kein Zeitdruck, keine simultane Unterstützung mehrerer Lösungsprozesse, wenige Akteure im Lösungsprozess, optimale Diagnosemöglichkeiten) betrachtet werden konnte. In dieser Laborstudie unterstützte jede der vier Lehrpersonen aus der Unterrichtsstudie je ein Schülerpaar mit ihr unbekannten Schülern (zwei Paare stammten aus der Hauptschule, zwei aus dem Gymnasium). Dabei bearbeiteten die Schüler die Aufgabe „Tanken" gemeinsam und ohne zeitliche Begrenzung und externalisierten durch ihre Kommunikation untereinander auf natürliche Art und Weise ihre Gedanken. Die Lehrer erhielten exakt dieselbe Verhaltensinstruktion wie in der Unterrichtsstudie.

Strategiestudie Ergänzend sollte untersucht werden, ob und inwiefern sich das Interventionsrepertoire eines Lehrers für konkrete Handlungssituationen im Unterricht erweitern lässt. Aufgrund der hohen Relevanz von Strategien für mathematische

Modellierungsprozesse (vgl. Kap. 3) zusammen mit dem sehr geringen Anteil strategiebezogener Interventionen in der Unterrichtsstudie und der Laborstudie (siehe hierzu
Kap. 6) wurde deshalb eine weitere Studie durchgeführt, in der exemplarisch ein modellierungsbezogenes Strategieinstrument zur Unterstützung des Interventionsverhaltens
bzw. zur Erweiterung des Interventionsrepertoires im Bereich modellierungsbezogener
Strategien zum Einsatz kam. Für diese Studie wurde aus den Lehrpersonen der Unter-
richts- bzw. Laborstudie derjenige Lehrer (Lehrer 2) ausgewählt, der in seinen Interviews
am stärksten die generelle Notwendigkeit strategischer Interventionen thematisiert hatte.
Im Rahmen der Untersuchung agierte dieser Lehrer in einem speziellen Laborsetting mit
16 Realschülern, welche die Aufgabe „Tanken" kooperativ in Vierergruppen lösten. Die
Gruppenarbeit war dabei so angelegt, dass die Schüler zunächst individuell Lösungsansätze entwickeln, anschließend gemeinsam einen Lösungsweg erarbeiten und schließlich
wieder individuell ihre Lösung notieren sollten. Der teilnehmende Lehrer konnte in verschiedenen Phasen des Lösungsprozesses, also sowohl mit einzelnen Schülern als auch
mit ganzen Schülergruppen in Interaktion treten. Das erwähnte Strategieinstrument, der
sogenannte „Lösungsplan" (siehe Abb. 3.6 in Abschn. 3.2.2), sollte dabei einerseits den
Schülern strategische Hilfen für verschiedene Phasen des Modellierungsprozesses bereit-
stellen. Andererseits sollte es dem Lehrer eine Hilfestellung für die gezielte Diagnose und
Intervention sein. Weiterhin erhielt der Lehrer wie in den beiden vorherigen Studien die
Instruktion, so selbstständigkeitserhaltend wie möglich zu intervenieren.

Ergänzend zu den Bearbeitungssituationen wurden während der drei Teilstudien weitere
Daten erhoben, etwa durch Schülerfragebögen zu verschiedenen Aspekten der Aufgabenbearbeitung und durch sogenannte videogestützte Stimulated-Recall-Sitzungen (vgl.
Kagan et al. 1963) mit den Lehrern und einigen Schülern. Dabei wurden die Probanden
im Anschluss an die Unterrichtssituation im Rahmen eines Interviews mit dem Video
ihrer Aufgabenbearbeitungsphase konfrontiert und an verschiedenen Stellen gezielt
dazu aufgefordert, ihre Gedanken bei der Durchführung der gesehenen Handlungen zu
beschreiben.

4.5   Auswertungsmethode

4.5.1   Auswertungsgrundlage

Um die Lehrerinterventionen sowie deren Wirkung auf die Bearbeitungsprozesse der
Schüler einer Analyse auf der Mikroebene zugänglich zu machen, wurden zunächst alle
Unterrichtssituationen der drei Teilstudien vollständig videographiert. Im Anschluss
wurden all diejenigen Situationen transkribiert, die für die Untersuchung des Lehrerhandelns während der Aufgabenbearbeitung tatsächlich relevant waren. Für die Laborstudie
bedeutete dies die Transkription der gesamten Laborsitzungen. In der Unterrichtsstudie
und der Strategiestudie wurden all diejenigen Unterrichtssituationen transkribiert, bei

denen die Lehrperson während kooperativer Lernphasen[4] mit den Schülern in Interaktion getreten ist. Auch die Stimulated-Recall-Sitzungen wurden videographiert und transkribiert, um bei Bedarf ergänzende Informationen über Eigenschaften getätigter Lehrerinterventionen zu erhalten.

Um im Rahmen von Fallanalysen die Auswirkungen der Interventionen auf den Bearbeitungsprozess der Schüler untersuchen zu können oder um einzelne im Unterricht geäußerte Lehrer- oder Schüleraussagen besser nachvollziehen zu können, wurden zudem bei Bedarf die während der Bearbeitungssituation entstandenen schriftlichen Schülerlösungen in die Auswertung mit einbezogen.

4.5.2   Ablaufmodell der Analyse

Die erhobenen Daten wurden mithilfe der Qualitativen Inhaltsanalyse (Mayring 2003) untersucht. Diese Methode erschien für die vorliegende Studie geeignet, da sie speziell auf die Analyse schriftlich vorliegender Kommunikation abzielt und weniger auf die Überprüfung einer vorhandenen Hypothese oder Theorie gerichtet ist, sondern „für solche Fragestellungen besonders geeignet erscheint, bei denen das Vorwissen gering ist und die Exploration im Vordergrund steht" (Kuckartz 2005, S. 97f.).

Das gewählte Vorgehen orientiert sich dabei grundsätzlich am inhaltsanalytischen Ablaufplan nach Mayring (2003, S. 54), wurde jedoch auf die Bedürfnisse der vorliegenden Studie angepasst sowie einzelne Schritte mehrfach im Verlauf des Analyseprozesses modifiziert, sodass sich folgendes Ablaufschema ergab:

(1) Klärung des theoretischen Hintergrunds (siehe Kap. 2 und 3)
(2) Ausdifferenzierung der Forschungsfragen (siehe Abschn. 4.1)
(3) Bestimmung des Ausgangsmaterials (siehe Abschn. 4.5.1)
(4) Kodierung der Daten (siehe Abschn. 4.5.3)
(5) Qualitätsprüfung des Kodierschemas (siehe Abschn. 4.5.4)
(6) Interpretation der Daten (siehe Kap. 6).

4.5.3   Kodierung der Daten

Im Zentrum einer qualitativen Inhaltsanalyse steht die Konstruktion und Anwendung eines Kategoriensystems, welches auf die Forschungsfrage(n) abgestimmt ist und eine Kodierung der schriftlich vorliegenden Daten erlaubt.

---

[4] Die videographierten Unterrichtsstunden enthielten zwar neben der kooperativen Aufgabenbearbeitung noch weitere Phasen (etwa Phasen der Ergebnispräsentation und -sicherung), diese sind jedoch nicht relevant für den beschriebenen Untersuchungsgegenstand und wurden deshalb nicht transkribiert.

Auslöser der Intervention	**Ebene der Intervention**	**Absicht der Intervention**
A1 (Potentieller) Schülerfehler	E1 Inhaltlich	Ab1 Diagnose
A2 Schwierigkeiten/Stocken im Lösungsprozess	(mit Subkategorien differenziert nach den Schritten des Modellierungskreislaufs)	Ab2 Feedback
A3 Lehreranspruch		Ab3 Hinweis
A4 Schülerfrage (an Mitschüler gerichtet)	E2 Strategisch	(mit drei Subkategorien
A5 Fortschritt im Lösungsprozess	E3 Affektiv	a) direkt,
A6 Organisation	E4 Organisatorisch	b) indirekt,
A7 Schülerfrage (an Lehrer gerichtet)		c) offen)
A8 Gesprächskette		

Anwendung des Lösungsplans

AL1 Allgemein-strategischer Hinweis mit explizitem Bezug zum Lösungsplan

AL2 Allgemein-strategischer Hinweis mit implizitem Bezug zum Lösungsplan

AL3 Inhaltlich-strategischer Hinweis mit explizitem Bezug zum Lösungsplan

AL4 Inhaltlich-strategischer Hinweis mit implizitem Bezug zum Lösungsplan

AL5 Keine Anwendung des Lösungsplans

Abb. 4.3 Kategoriensystem lösungsprozessbezogener Lehrerinterventionen

Zunächst müssen dafür die Analyseeinheiten festgelegt werden (siehe hierzu genauer Mayring 2003). Als kleinste zu kodierende Einheit wurde, um prozessbezogene Lehrerinterventionen auf der Mikroebene auswerten zu können, der Inhalt eines einzelnen von der Lehrperson geäußerten Satzes (kurz: die Proposition) gewählt. Die – je nach vorliegender Situation – maximal zu kodierende Einheit war der gesamte Inhalt einer Lehreräußerung bis zum nächsten Schülerbeitrag im Gespräch (kurz: der Gesprächsschritt).

Die sich hieran anschließende Konstruktion des Kategoriensystems zur Auswertung des Lehrerinterventionsverhaltens fand schließlich im Wechselspiel aus bestehenden Theorieelementen (Subsumtion) und der Analyse des erhobenen Datenmaterials (Rekonstruktion) statt. Dabei wurden zunächst, ausgehend vom in Abschn. 2.3 dargestellten allgemeinen Modell des Interventionsprozesses (Abb. 2.3) die Hauptkategorien (1) *Auslöser*, (2) *Ebene* und (3) *Absicht* der getätigten Intervention entwickelt. Für die Strategiestudie wurde zudem eine Kategorie konstruiert, welche eine Analyse der (4) *Anwendung des Lösungsplans* ermöglichen sollte. Im Verlauf der Datenanalyse ließen sich die zum Teil theoretisch abgeleiteten Subkategorien sowie deren Darstellung im Kodierleitfaden konkretisieren und weiter ausdifferenzieren, sodass das in Abb. 4.3 dargestellte Kategoriensystem entstand.

Nachfolgend sollen die vier Hauptkategorien des Kategoriensystems skizziert werden:

(1) Der *Auslöser der Intervention* beschreibt den Impuls, welcher den Lehrer zum Eingriff in den Lösungsprozess veranlasst. Die Konstruktion dieser Kategorie lässt sich aus der Erkenntnis ableiten, dass jede Intervention eine (diagnostische) Grundlage haben sollte, welche die Lehrperson veranlasst, in den Lösungsprozess einzugreifen.

(2) Die *Interventionsebene* beschreibt den Bereich des Lösungsprozesses, auf den durch die Intervention Einfluss genommen wird. Die Konstruktion der Kategorie orientierte sich dabei an verschiedenen Arbeiten zur Lehrerrolle in selbstständigkeitsorientierten kooperativen Lernumgebungen und insbesondere an den Rollenaspekten von Pauli und Reusser (2000) (siehe Abschn. 2.2), sodass letztlich zwischen Interventionen auf der inhaltlichen, strategischen, affektiven und organisatorischen Ebene unterschieden wird. Für inhaltliche Interventionen wurden zudem Subkategorien für die sieben Schritte des im Projekt verwendeten Modellierungskreislaufs (siehe Abb. 3.1) gebildet, um untersuchen zu können, auf welchen Bereich des Modellierungsprozesses sich die Lehrerinterventionen beziehen.

(3) Die *Absicht der Intervention* beschreibt die (vermutlich) intendierte Wirkung der Intervention auf den Lösungsprozess der Schüler. In der Ausdifferenzierung der Kategorie in Diagnose, Feedback und Hinweis spiegeln sich dabei insbesondere die Funktionen wider, die ein Lehrer entsprechend seiner Rolle in selbstständigkeitsorientierten Lernumgebungen erfüllen sollte (siehe Abschn. 2.2). Interventionen mit Hinweisabsicht wurden zudem mithilfe dreier Subkategorien entsprechend der Direktheit des gegebenen Hinweises differenziert, um das vom Lehrer angedachte Ausmaß der Lenkung des Lernprozesses besser abschätzen zu können. Die Interventionsabsicht stellt diejenige Kategorie mit dem größten Interpretationsanspruch dar, weil die Intention des intervenierenden Lehrers häufig nicht unmittelbar ersichtlich ist, sondern unter anderem durch die Wirkung der Intervention auf die Schüler, das weitere Verhalten des Lehrers während der Interventionssituation und ggf. unter Heranziehen der zugehörigen Erläuterungen aus den Interviews im Rahmen der Stimulated-Recall-Sitzungen rekonstruiert werden muss.

Insgesamt erschien die Kombination der drei genannten Hauptkategorien geeignet, um ein differenziertes Bild des Interventionsverhaltens einer Lehrperson zu zeichnen. Dieses wiederum kann Anhaltspunkte für eine interpretative Beurteilung liefern, inwiefern getroffene Maßnahmen der Lernunterstützung tatsächlich als adaptiv bezeichnet werden können.

(4) Für die Strategiestudie wurde eine ergänzende vierte Hauptkategorie notwendig, mithilfe derer die *Anwendung des Lösungsplans* ausgewertet werden sollte. Insbesondere sollte dabei analysiert werden, ob strategische Elemente des Lösungsplans allgemein oder mit konkretem inhaltlichem Aufgabenbezug genannt werden und ob dabei der Lösungsplan explizit oder implizit in die Interventionen einbezogen wird.

Mittels des so konstruierten Kodierschemas wurde schließlich jede Lehrerintervention bezüglich der drei bzw. vier Hauptkategorien kodiert. Zur Illustration sollen im Folgenden zwei Beispiele für Lehrerinterventionen zusammen mit den dafür zu vergebenden Codes dargestellt werden.

Beispiel 1

Ausgangssituation:	Eine Schülerin ist mit dem Treffen einer Annahme bezüglich des durchschnittlichen Kraftstoffverbrauchs eines VW Golfs überfordert und fragt deshalb den Lehrer, welche Werte realistisch sein könnten.
Lehrerintervention:	*„Naja, so sechs bis sieben Liter sind auf jeden Fall realistisch."*
Kodierung:	**A7** Ausgelöst durch an den Lehrer gerichtete Schülerfrage
	E1-2 Inhaltliche Ebene, bezogen auf Modellierungsschritt 2
	Ab3a Direkter Hinweis
	AL5 Keine Anwendung des Lösungsplans.

Beispiel 2

Ausgangssituation:	Eine Schülergruppe hat in ihrer Lösung nur den Hinweg nach Luxemburg, aber nicht den Rückweg nach Trier berücksichtigt
Lehrerintervention:	*„Stellt euch doch die Situation mal ganz konkret vor, dass Frau Stein in Trier ist und in Luxemburg tanken möchte."*
Kodierung:	**A1** Ausgelöst durch Schülerfehler
	E1-1 Inhaltliche Ebene, bezogen auf Modellierungsschritt 1
	Ab3c Offener Hinweis
	AL2 Allgemein-strategischer Hinweis mit implizitem Lösungsplanbezug.

4.5.4   Qualitätskriterien des Kodierschemas

Im Gegensatz zur quantitativen ist für qualitativ orientierte Forschung eine nahezu identische Replikation von Auswertungsergebnissen nur schwer möglich. Dies macht es insbesondere erforderlich, sich mit der Frage nach Gütekriterien qualitativer Forschung auseinanderzusetzen, um nicht in Beliebigkeit zu verfallen. Krippendorf (2003) führt – bezugnehmend auf die klassischen Gütekriterien – insgesamt acht Kriterien auf, die bei der qualitativen Inhaltsanalyse prinzipiell einsetzbar sind. Die Kriterien beziehen sich dabei sowohl auf die Konstruktion als auch auf die Anwendung des im Zentrum der qualitativen Inhaltsanalyse stehenden Kodierschemas. Für die drei Hauptkategorien, die

Lehrerinterventionen auf einer allgemeinen Ebene beschreiben, wurden die nachfolgend dargestellten vier Gütekriterien überprüft[5]:

- **Semantische Validität** Dieses Kriterium dient dem Zweck, zu überprüfen, inwiefern die verwendeten Definitionen, Kodierregeln und Ankerbeispiele angemessen sind, um die gebildeten Kategorien zu beschreiben. Zur Überprüfung des Kriteriums wurden bereits im Konstruktionsprozess anhand des zu diesem Zeitpunkt vorliegenden Stands des Kategoriensystems Probekodierungen eines gewissen Teils des Datensatzes durchgeführt. Anschließend wurden Subkategorien zufällig ausgewählt und alle transkribierten Passagen, die mit der jeweiligen Kategorie in Zusammenhang zu bringen sind, bezüglich ihrer qualitativen Homogenität untersucht. Inhomogene Resultate führten schließlich zu einer Spezifikation der damit zusammenhängenden Code-Beschreibungen und Kodierregeln im Kodiermanual. Insgesamt konnte so die Trennschärfe der durch das Manual festgelegten Subkategorien verbessert werden.

- **Konstruktvalidität** Mithilfe dieses Kriteriums sollte erfasst werden, inwiefern das Untersuchungsinstrumentarium das Konstrukt, welches es erfassen soll, tatsächlich erfasst. Zur Überprüfung bedürfte es im Idealfall etablierter Modelle oder gesicherter empirischer Erkenntnisse über das zu untersuchende Konstrukt. Aufgrund der defizitären Forschungssituation zur vorliegenden Thematik (siehe insbesondere Abschn. 2.3) konnte hierauf aber nur eingeschränkt zurückgegriffen werden. Entsprechend beschränkte sich die Prüfung dieses Gütekriteriums – angelehnt an die von Fischer (1982, S. 192) vorgeschlagene externe Validierung mit multiplen Informationsquellen – auf einen Abgleich des in Abb. 4.3 dargestellten Kategoriensystems mit vorhandenen Kategoriensystemen, die sich ebenfalls mit Lehrerverhalten auseinandersetzen. Hierzu wurden die empirisch erprobten Systeme von Chi et al. (2001), Hess (2003) und Serrano (1996) herangezogen. Da sich die Subkategorien dieser Systeme ohne größere Probleme im eigenen System verorten ließen – es ergaben sich lediglich Differenzen in der Schwerpunktsetzung und Gruppierung der Kategorien – kann (vorsichtig) davon ausgegangen werden, dass Konstruktvalidität zumindest auf theoretischer Ebene besteht.

- **Stabilität** Die Stabilität der Kodierung ist ein Maß dafür, inwiefern bei einer nochmaligen Anwendung des Analyseinstruments auf denselben Datensatz die gleichen Resultate erzielt werden können. Um dieses Gütekriterium zu überprüfen, wurde exemplarisch ein gewisser Teil des Datensatzes nach drei Monaten noch einmal vollständig von demselben Rater rekodiert. Als Maß der Stabilität wurde dabei die relative Häufigkeit der Übereinstimmungen, bezogen auf die jeweiligen Hauptkategorien, herangezogen. Gemittelt über die Kategorien ergab sich eine Übereinstimmung von 93 %, sodass von einer hohen Stabilität ausgegangen werden kann.

---

[5] Die übrigen vier bei Krippendorff (2003) genannten Kriterien *Stichprobengültigkeit, Korrelative Gültigkeit, Vorhersagegültigkeit* und *Exaktheit* wurden bewusst nicht herangezogen, da sie für die spezielle Zielsetzung der hier berichteten Studie – insbesondere im Zusammenhang mit dem stark explorativen Ansatz und dem damit zusammenhängenden geringen Umfang der Lehrerstichprobe – nicht anwendbar erschienen.

- **Interraterreliabilität** Zur Überprüfung der Interraterreliabilität der Resultate wird ermittelt, inwiefern mehrere (in der Regel zwei) verschiedene Kodierer bei der Kodierung derselben Daten bezüglich der einzelnen Codes übereinstimmen. Die Interraterreliabilität stellt das zentrale Qualitätskriterium der Qualitativen Inhaltsanalyse dar (siehe z. B. Steinke 2000; Mayring 2000). Zur Überprüfung dieses Kriteriums wurde zunächst ein zweiter Rater bezüglich der im erstellten Kodiermanual festgehaltenen Regeln geschult und anschließend der gesamte Datensatz erneut kodiert. Der Wert für die Interraterreliabilität (ermittelt über den zufallskorrigierten Kappa-Koeffizienten nach Cohen 1960) lag dabei höher als .80 für jede der Kategorien, sodass von einer hohen Reproduzierbarkeit der Ergebnisse ausgegangen werden kann.

Literatur

Chi, M. T. H., Siler, S. A., Jeong, H., Yamauchi, T., & Hausmann, R. G. (2001). Learning from human tutoring. *Cognitive Science, 25*, 471–533.

Cohen, J. (1960). A coefficient of agreement for nominal scales. *Educational and Psychological Measurement, 20*, 37–46.

Fischer, P. M. (1982). Inhaltsanalytische Auswertung von Verbaldaten. In G. L. Huber & H. Mandl (Hrsg.), *Verbale Daten. Eine Einführung in die Grundlagen und Methoden der Erhebung und Auswertung* (S. 179–195). Weinheim: Beltz.

Hess, K. (2003). *Lehren – zwischen Belehrung und Lernbegleitung.* Zürich: h.e.p. Verlag.

Kagan, N., Krathwohl, D. R., & Miller, R. (1963). Stimulated recall in therapy using video-tape. A case study. *Journal of Counseling Psychology, 10*(3), 237–243.

Krippendorff, K. (2003). *Content analysis. An introduction to its methodology.* Thousand Oaks: Sage Publications.

Kuckartz, U. (2005). *Einführung in die computergestützte Analyse qualitativer Daten.* Wiesbaden: Verlag für Sozialwissenschaften.

Leiss, D. (2007). *Hilf mir es selbst zu tun. Lehrerinterventionen beim mathematischen Modellieren.* Hildesheim: Franzbecker.

Leiss, D. (2010). Adaptive Lehrerinterventionen beim mathematischen Modellieren. Empirische Befunde einer vergleichenden Labor- und Unterrichtsstudie. *JMD, 31*(2), 197–226.

Mayring, P. (2000). Qualitative Inhaltsanalyse. *Qualitative Sozialforschung, 1*(2). http://www.qualitative-research.net/index.php/fqs/article/view/1089/2385. Zugegriffen: 21. Aug 2013.

Mayring, P. (2003). *Qualitative Inhaltsanalyse. Grundlagen und Techniken.* Weinheim: Beltz.

Newell, A., & Simon, H. A. (1972). *Human problem solving.* New Jersey: Prentice-Hall Inc.

Pauli, C., & Reusser, K. (2000). Zur Rolle der Lehrperson beim kooperativen Lernen. *Unterrichtswissenschaft, 31*(3), 421–441.

Serrano, A. M. (1996). *Opportunities for on-line assessment during mathematics classroom instruction.* Unpublished manuscript, Los Angeles.

Steinke, I. (2000). Gütekriterien qualitativer Forschung. In U. Flick, E. von Kardorff, & I. Steinke (Hrsg.), *Qualitative Forschung. Ein Handbuch* (S. 319–331). Hamburg: Rowohlt Taschenbuch Verlag.

Walther, G. (1985). Lohnt der Umweg zur Billigtankstelle? Eine Anregung zum Mathematisieren einer Sachsituation. *Sachunterricht und Mathematik in der Primarstufe, 13*(6), 220–222.

5

In diesem Kapitel soll die Modellierungsaufgabe „Tanken" (siehe Abb. 4.1), die allen untersuchten Unterrichtssituationen zugrunde lag, umfassend analysiert werden.

Vor dem Einsatz der Aufgabe in der hier berichteten Studie wurde zunächst eine stoffdidaktische Analyse angestellt, um Informationen über die Eignung der Aufgabe für den vorliegenden Untersuchungskontext zu gewinnen und um für die empirische Untersuchung eine umfassende theoretische Lösungsprozessanalyse vorliegen zu haben, welche Anforderungen, mögliche Prozessverläufe und mit der Lösung verbundene Problemfelder aufzeigt. Die Ergebnisse dieser Analyse werden in den Abschn. 5.1 und 5.2 dargestellt. Weiterhin wurde die Aufgabe in verschiedenen Test- und Laborsituationen eingesetzt, sodass in den Abschn. 5.3 und 5.4 über psychometrische Kenngrößen und empirische Schwierigkeiten der Aufgabe berichtet werden kann.[1]

5.1 Inhaltliche Analyse

5.1.1 Relevanz der Aufgabe

Bei der Aufgabe handelt es sich um eine realitätsbezogene Textaufgabe mit authentischem Kern: Das am Beispiel von Frau Stein verdeutlichte Phänomen, dass viele Autofahrer in grenznahen Gebieten aus finanziellen Gründen zum Tanken in das bezüglich Kraftstoffpreisen günstigere Nachbarland fahren, wird allgemein als Tanktourismus bezeichnet. Der Tanktourismus zwischen Deutschland und Luxemburg vollzieht sich dabei vom grenznahen Raum auf deutscher Seite, in dem sich die Stadt Trier befindet, zur in der Aufgabenstellung nicht näher benannten luxemburgischen Grenze. Tatsächlich fahren viele Deutsche nach Luxemburg zum Tanken, um dort von der niedrigeren

---

[1] Teile der hier berichteten Analysen finden sich in Leiss (2007, S. 118ff.) wieder.

D. Leiss und N. Tropper, *Umgang mit Heterogenität im Mathematikunterricht*, Mathematik im Fokus, DOI: 10.1007/978-3-642-45109-6_5, © Springer-Verlag Berlin Heidelberg 2014

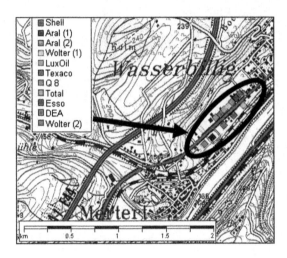

Abb. 5.1 Lageplan der Tankstellen in Mertert-Wasserbillig (verändert nach Naumann 2005, S. 25)

Abb. 5.2 Tanktourismus in der Presse

Mineralölsteuer zu profitieren, wie etwa die „Route de Wasserbillig" in der luxemburgischen Ortschaft Mertert-Wasserbillig kurz hinter der Grenze zeigt, die fast vollständig mit Tankstellen bebaut wurde (siehe hierzu den von Naumann 2005 erstellten Lageplan der dortigen Tankstellen in Abb. 5.1).

Zwar entspricht die Thematik des Tankens bzw. des Tanktourismus nicht den unmittelbaren Alltagserfahrungen der Lernenden, jedoch richtet sich aufgrund der hierzulande vergleichsweise hohen Kraftstoffpreise der deutsche Tanktourismus nicht nur nach Luxemburg, sondern auch in weitere an Deutschland angrenzende Staaten, sodass der in der Aufgabe geschilderte Realkontext stellvertretend für eine Problemstellung gesamtgesellschaftlicher Relevanz steht. Die gesamtgesellschaftliche Tragweite zeigt sich exemplarisch in Presseartikeln, welche sich immer wieder mit dem Tanktourismus-Phänomen und den sich daraus ergebenden gesellschaftlichen Konsequenzen befassen (siehe Abb. 5.2).

Abgesehen von der konkreten Thematik des Tankens liegt der Aufgabe eine hauptsächlich durch finanzielle Überlegungen geprägte Entscheidungssituation zugrunde, wie man sie im Alltag des Öfteren erlebt.

Beispiele hierfür sind etwa

- das Zurücklegen einer Reisestrecke mit dem Auto oder mit dem Zug,
- die Anschaffung eines Laserdruckers oder eines Tintenstrahldruckers,
- die Wahl zwischen verschiedenen Stromanbietern sowie
- die Auswahl des günstigsten Handytarifs.

Dabei werden derartige Entscheidungen jedoch selten ausschließlich aufgrund finanzieller oder quantifizierbarer Erwägungen getroffen. Stattdessen spielen oft auch ideologische Überlegungen (z. B. die Umwelt schützen wollen) oder nicht rationale Faktoren (z. B. Angst im Straßenverkehr) eine Rolle beim letztendlichen Entschluss. In vielen Fällen zeigt sich aber, dass eine adäquate mathematische Modellierung möglich und zielführend ist, um einer Entscheidung näher zu kommen oder z. B. vorschnelle Entscheidungen und Meinungen zu relativieren. Das verallgemeinerte Grundproblem der Aufgabe „Tanken" ist also das quantifizierende Abwägen zwischen zwei Wahlmöglichkeiten innerhalb einer komplexen, von einer Fülle von Parametern abhängigen Realsituation.

5.1.2 Die Aufgabe „Tanken" als authentische Modellierungsaufgabe

Bei der Konstruktion der Aufgabe „Tanken" wurde die Komplexität des beschriebenen Realkontextes zum einen durch die Rundung der Kraftstoffpreise auf maximal zwei Nachkommastellen und zum anderen durch den Verzicht auf zusätzliche für die Problemlösung irrelevante Kontextinformationen im Aufgabentext reduziert. Da jedoch nicht alle zur Lösung benötigten Informationen im Aufgabentext enthalten sind, handelt es sich um eine *unterbestimmte Aufgabe*.

Kaiser (1995) unterteilt Anwendungen im Mathematikunterricht in

(1) Einkleidungen mathematischer Probleme in die Alltagssprache oder die Sprache anderer Disziplinen,
(2) Veranschaulichungen mathematischer Begriffe,
(3) Anwendungen mathematischer Standardverfahren und
(4) Modellbildungen, „d. h. komplexe Problemlöseprozesse, basierend auf einer Modellauffassung des Verhältnisses von Realität und Mathematik" (ebd., S. 67).

Da die in der Aufgabenstellung enthaltenen außermathematischen Informationen essentiell für die mathematische Lösung des Problems sind, handelt es sich entsprechend dieser Klassifikation um eine Modellierungsaufgabe. Um die für die Modellierung der Situation notwendige Übersetzung zwischen Realität und Mathematik leisten zu können, müssen zunächst einige Komponenten der Realsituation adäquat verstanden werden. Weinert (1996) bezeichnet derartige zum Verständnis einer Problemstellung notwendigen Vorwissenskomponenten als „Learning Sets" (ebd., S. 12). Die für ein

adäquates Verständnis der Aufgabe „Tanken" notwendigen inhaltlichen Learning Sets
sind insbesondere:

- die Kenntnis, dass es sich bei dem VW Golf um ein Auto handelt.
- elementare Kenntnisse zur Betankung eines Autos, etwa dass ein Auto einen Kraftstofftank mit einem gewissen Volumen besitzt und dass der Kraftstoff abhängig von der zurückgelegten Entfernung verbraucht wird.
- ggf. dass Wissen darüber, dass Luxemburg ein an Deutschland angrenzender Staat ist.

Die Komplexität der realen Problemstellung schlägt sich unter anderem darin nieder,
dass die Aufgabe „Tanken" in mehrfacher Hinsicht eine *offene Aufgabe* darstellt. Zum
einen ist die *Fragestellung selbst offen*. Der Arbeitsauftrag verlangt zwar eine Einschätzung, ob sich die Fahrt nach Luxemburg für Frau Stein lohnt, welche Aspekte in diese
Einschätzung einfließen – speziell was der Begriff „lohnen" bedeutet –, liegt jedoch
im Ermessen des Aufgabenbearbeiters. Weiterhin ist die Aufgabe *offen bezüglich des
Lösungswegs*. Selbst wenn man sich durch Vereinfachungen und das Treffen zusätzlicher Annahmen eine eindeutige Ausgangslage geschaffen und die Problemstellung
konkretisiert hat, existieren auf mathematischer Ebene unterschiedliche Lösungsvarianten (diese werden in Abschn. 5.2.2 skizziert). Schließlich ist die Aufgabe auch *offen
bezüglich des Resultats*: Je nachdem, welche Faktoren in die Aufgabenbearbeitung einbezogen werden und welche konkreten Annahmen dafür getroffen werden, kann die für
Frau Stein zu treffende Entscheidung bzw. Empfehlung für oder gegen das Tanken in
Luxemburg ausfallen.

5.2   Mathematische Analyse

5.2.1   Verortung in den Bildungsstandards Mathematik

Zunächst soll die Aufgabe „Tanken" bezüglich der Dimensionen der Bildungsstandards
für das Fach Mathematik (KMK 2004), also inhaltliche Leitidee, Anforderungsbereich
und allgemeine mathematische Kompetenzen, eingeordnet werden.

Da beim Tanken der zu zahlende Preis proportional zum Tankvolumen und beim
Autofahren der Kraftstoffverbrauch (näherungsweise) proportional zur zurückgelegten
Entfernung ist, liegt es nahe, die durch die Aufgabenstellung gegebene Realsituation mittels linearer Funktionen zu modellieren. Somit lässt sich die Aufgabe in die inhaltliche
Leitidee *Funktionaler Zusammenhang* einordnen.

Die Aufgabenbearbeitung ist – vor allem aufgrund der oben erläuterten Charakteristika: von zahlreichen Faktoren abhängiger Realkontext; Offenheit in mehrfacher Hinsicht; Notwendigkeit nicht gegebene, aber notwendige Größen zu identifizieren und
hierfür passende Annahmen zu treffen – mit einer hohen kognitiven Komplexität verbunden. Insgesamt kann sie deshalb im Anforderungsbereich III verortet werden.

Verschafft man sich zudem einen Überblick über die mit der Aufgabe konkret verbundenen mathematischen Anforderungen, so erkennt man, dass ihre Bearbeitung die folgenden allgemeinen mathematischen Kompetenzen verlangt:

- Argumentieren (Begründen, warum sich die Fahrt lohnt bzw. nicht lohnt)
- Problemlösen (Strategisches Vorgehen bei der Aufgabenbearbeitung aufgrund des nicht offensichtlichen Lösungsweges)
- Modellieren (Normative Interpretation des Begriffs „lohnt", Treffen von Annahmen bezüglich Tankvolumen und Kraftstoffverbrauch, Übersetzungen zwischen Realität und Mathematik, Interpretation und Validierung der Ergebnisse)
- Symbolisches/technisches/formales Arbeiten (Umformen von Gleichungen, Umgang mit Dezimalbrüchen und Größen)
- Kommunizieren (Verstehen der in der Aufgabenstellung dargelegten Situation, Darstellen des eigenen Lösungswegs).

5.2.2 Theoretische Elemente des Lösungsprozesses

Da die Kompetenz Modellieren deutlich im Zentrum der Aufgabe steht, erfolgt die ausführliche Beschreibung derjenigen mathematischen Anforderungen, die zur Bearbeitung der Aufgabe durch die Lernenden erforderlich sind, entlang der Schrittabfolge des Modellierungskreislaufs aus Abb. 3.1. Der Darstellung liegt ein modellhafter Lösungsprozess zugrunde, der sich auf die Erstellung einer „Basislösung" der Aufgabe bezieht, also einer Lösung, die ausschließlich den Kraftstoffverbrauch und das Tankvolumen des Autos als Determinanten der Tankkosten mit einbezieht. Für die einzelnen Prozessschritte sollen dabei neben ihrer konkreten Bedeutung im Lösungsprozess der Aufgabe „Tanken" und den damit verbundenen kognitiven Anforderungen die oben genannten, für die Aufgabenbearbeitung relevanten mathematischen Kompetenzen konkretisiert werden. Zudem sollen – im Sinne von Newell und Simon (1972) – verschiedene subjektive Lösungsräume in die Beschreibung der Basislösung integriert werden, sodass an verschiedenen Stellen des Lösungsprozesses Variationen des gewählten Weges aufgezeigt werden.

(1) Verstehen
Im ersten Schritt, der die Grundlage für die gesamte weitere Aufgabenbearbeitung darstellt (vgl. u. a. Leiss et al. 2010), geht es darum, die durch den Aufgabentext gegebene Problemstellung zu erfassen. Der Prozess des Textverstehens wird dabei als Interaktion mehrerer simultan ablaufender Subprozesse verstanden (siehe etwa Christmann und Groeben 1999; Goldman und Rakestraw 2000; Schmid-Barkow 2010). Im Sinne einer Kombination aus top-down- und bottom-up-Prozessen (siehe Abb. 5.3) spielt neben einem unmittelbar durch den Text und seine Eigenschaften gesteuerten

Abb. 5.3 Interaktiver Prozess
des Textverstehens (nach
Schmid-Barkow 2010)

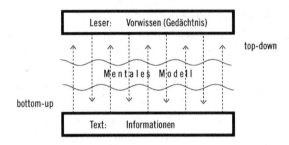

Verstehensvorgang auch die auf vorhandenen Wissensstrukturen, Einstellungen etc. des
Lesenden basierende individuelle Konstruktion eines mentalen Modells eine Rolle.

Für das Bilden einer mentalen Repräsentation der beschriebenen Realsituation – kurz:
eines Situationsmodells (Reusser 1989, S. 135) – besteht deshalb bei der Aufgabe „Tanken" eine Abhängigkeit von intrapersonellen Aspekten insbesondere in den folgenden
beiden Bereichen:

Einerseits verfügen die Lernenden über individuell unterschiedliches Wissen innerhalb des Kontextes Autos und Tanken. Für die Bildung des Situationsmodells dürften
dabei elementare Kenntnisse über den Tankvorgang und das Wissen, dass der VW Golf
ein Auto ist, relevant sein. Darüber hinaus gehendes Kontextwissen dürfte eher bei der
Bildung eines Realmodells im zweiten Modellierungsschritt bedeutsam sein.

Andererseits ist die individuelle Lesekompetenz der Lernenden – im Sinne der Bildungsstandards Mathematik würde man von der Kompetenz Kommunizieren sprechen –
zentral für das Verständnis der Aufgabenstellung. Sie wird benötigt, um, ausgehend von
der nachfolgend skizzierten semantisch-formalen Struktur des Aufgabentextes, mentale
Repräsentationen auf weiteren Ebenen zu konstruieren:

- *Text*: Der Text hat einen Akteur und eine aktorzentrierte offene Fragestellung, eine
  konsistente Erzählperspektive, eine lineare Handlungsordnung sowie ein Defizit an
  relevanten Informationen
- *Grafik*: Das neben dem Text befindliche Bild fungiert nicht als Träger von Information, sondern dient lediglich als Illustration des Aufgabentextes
- *Handlungsstruktur*: Situationsbeschreibung (Person/Ort); Handlung der Person
  (Fahrt zum Tanken nach Luxemburg); Zusatzinformation zur Handlung (Preisdifferenz); Hinterfragen der Handlung (Lohnt sich die Fahrt?)

Die lineare Handlungsordnung ermöglicht es dabei, schrittweise entlang des Textes ein
Modell der im Aufgabentext beschriebenen Situation – bestehend aus einem Arrangement an Handlungsmöglichkeiten, quantitativen Angaben und einer cognitive map (vgl.
u. a. Downs und Stea 1973) – aufzubauen. Ein derartiges durch die Anfertigung einer
Skizze externalisiertes Situationsmodell, das durchaus noch unstrukturiert und mit überflüssigen Aspekten versehen sein kann, könnte etwa aussehen wie in Abb. 5.4.

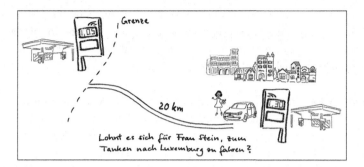

Abb. 5.4 Situationsmodell zur Aufgabe „Tanken"

(2) Vereinfachen/Strukturieren

In diesem Schritt gilt es, ein Modell zu erstellen, das im Anschluss durch dem Schüler zur Verfügung stehende mathematische Hilfsmittel weiter bearbeitet werden kann. Dies geschieht zum einen durch eine Vereinfachung der vorliegenden Situation, etwa durch das Weglassen unnötig erscheinender Aspekte oder durch das Treffen vereinfachender Annahmen. Zum anderen verlangt eine Übersetzung der Situation in die Mathematik, dass diese zuvor geeignet strukturiert wird, hier günstiger Weise als Entscheidungssituation mit zwei Möglichkeiten, für die verschiedene Parameter miteinander verglichen werden können. Für die Aufgabe „Tanken" entsteht dabei insbesondere durch das Treffen unterschiedlicher Annahmen sowie durch eine normative Interpretation der Frage nach dem Lohnen ein (mehr oder weniger) vereinfachtes, strukturiertes Abbild der zuvor durch das Situationsmodell repräsentierten Realsituation, kurz: ein Realmodell.

Viele der im Realmodell enthaltenen Annahmen werden implizit getroffen und müssen im Lösungsprozess nicht notwendigerweise thematisiert werden. Für die Aufgabe „Tanken" typische vereinfachende Annahmen, die der hier dargestellten Basislösung zugrunde liegen, sind etwa:

- Frau Stein wohnt in Trier ganz in der Nähe einer Tankstelle, sodass dort die Entfernung nicht weiter berücksichtigt werden muss.
- Für den Fall, dass Frau Stein in Luxemburg tankt, hat sie zuletzt ebenfalls für 1,05 € pro Liter getankt, sodass die Kosten pro verbrauchtem Liter bei der Hin- und Rückfahrt gleich sind.
- Neben den Tankkosten und den Kosten für den verbrauchten Kraftstoff entstehen keine weiteren Kosten (etwa durch Materialverschleiß).
- Frau Stein erledigt keine zusätzlichen Einkäufe in Luxemburg, durch die sie weitere Kosten einsparen könnte. Weiterhin liegt die Tankstelle in Luxemburg nicht auf einer Strecke, die sie ohnehin befahren müsste.

Da es sich um eine unterbestimmte Aufgabe handelt, d. h. dass nicht alle zur Bearbeitung relevanten Informationen bereits im Aufgabentext enthalten sind, müssen in diesem

Schritt zusätzlich explizite Annahmen getroffen werden (zur Bedeutung von Annahmen siehe Galbraith und Stillman 2001). Für die Basislösung sind dabei zumindest explizite Annahmen bezüglich des Tankvolumens und des Kraftstoffverbrauchs des Autos zu treffen. Diese könnten beispielweise lauten:

- Sowohl in Trier als auch in Luxemburg möchte Frau Stein 40 Liter tanken.
- Frau Steins VW Golf verbraucht durchschnittlich 7 Liter Benzin auf 100 Kilometern.

Durch das Treffen zusätzlicher Annahmen (etwa kilometerbezogene Kosten für den Verschleiß des Autos) können Modelle unterschiedlicher Komplexität gebildet werden, die über die hier dargestellte Basislösung hinausgehen.

Die Schwierigkeit, die generell mit derartigen unterbestimmten Aufgaben verbunden ist, besteht darin, dass es die meisten Lernenden als ungewohnt empfinden, wenn nicht alle relevanten Informationen im Aufgabentext gegeben sind und sie deshalb selbst Annahmen wie die oben genannten treffen müssen. Eine weitere Schwierigkeit dürfte im Abschätzen konkreter Werte für die fehlenden Komponenten liegen, da dabei Weltwissen aus einen bestimmten Bereich – hier die Betankung eines Autos – verlangt wird.[2]

Für das Realmodell muss zudem der im ersten Schritt identifizierte Arbeitsauftrag im Sinne einer normativen Modellbildung bezüglich des gebildeten Realmodells interpretiert werden. Beispielsweise kann die Fragestellung „Lohnt sich die Fahrt für Frau Stein?" so angepasst werden, dass nur die in Verbindung mit den zuvor getroffenen Annahmen entstehenden Kosten berücksichtigt werden. Dies könnte für das Basismodell etwa lauten: „Ist es für Frau Stein kostengünstiger, in Luxemburg oder in Trier zu tanken?" Bezüglich der oben getroffenen Annahmen sind dann folgende Kosten zu vergleichen:

- Trier: Kosten für 40 Liter à 1,30 €
- Luxemburg: Kosten für 40 Liter à 1,05 € plus Kosten für das auf 40 Kilometern Hin- und Rückfahrt verbrauchte Benzin bei einem durchschnittlichen Verbrauch von 7 Litern pro 100 km.

Eine graphische Darstellung des im weiteren Verlauf des Modellierungsprozesses zu mathematisierenden Realmodells könnte schließlich aussehen wie in Abb. 5.5.

(3) Mathematisieren
Beim Mathematisieren werden die Komponenten des zuvor erstellten Realmodells in die mathematische Fachsprache übersetzt, d. h. beispielsweise Variablen definiert und

---

[2] Dass möglichst realistische Annahmen bezüglich Kraftstoffverbrauch und Tankvolumen des Golfs nicht maßgeblich für die Modellierungskompetenz eines Schülers sind, sollte beim Umgang mit entsprechenden Schülerlösungen berücksichtigt werden.

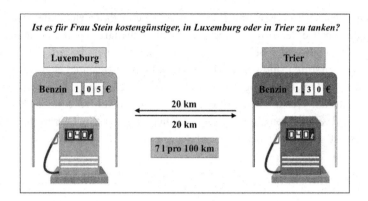

Abb. 5.5 Realmodell zur Aufgabe „Tanken"

Gleichungen aufgestellt. Auf diese Weise wird das Realmodell in ein mathematisches Modell transformiert. Die Mathematisierung findet dabei in Abhängigkeit von vorhandenen Grundvorstellungen (vom Hofe 1995) statt, also von Vorstellungen, die den inhaltlichen Kern der relevanten mathematischen Inhalte erfassen, wird aber auch von mathematischen Präferenzen bzw. Denkstilen des Individuums beeinflusst (Borromeo Ferri 2005).

Für die Basislösung der Aufgabe „Tanken" liegt es nahe, ausgehend von den folgenden Definitionen

> x: = Menge an Kraftstoff in Litern
> T(x): = Kosten für das Tanken in Trier
> L(x): = Kosten für das Tanken in Luxemburg
> D(x): = T(x) − L(x) = Differenz der Kosten beider Varianten

etwa die drei nachstehenden Gleichungen aufstellen:

$$T(40) = 40\,l \cdot 1{,}30\,€/l$$
$$L(40) = 40\,l \cdot 1{,}05\,€/l + 40/100\,km \cdot 7\,l \cdot 1{,}05\,€/l$$
$$D(40) = T(40) - L(40).$$

Um eine derartige Transformation in die Mathematik zu vollziehen, sind für die Aufgabe „Tanken" u. a. Grundvorstellungen zur Proportionalität, zum Variablen- und zum Funktionsbegriff relevant.

(4) Mathematisch Arbeiten

In diesem Schritt werden die bei der Mathematisierung aufgestellten Gleichungen genutzt, um konkrete Werte für die Kosten bezüglich des Tankens in Trier und Luxemburg und speziell deren Differenz zu ermitteln. Dieser Schritt erfordert die Kompetenz des symbolischen, technischen und formalen Arbeitens, da er elementarer mathematischer Fertigkeiten wie der Anwendung von Grundrechenarten, dem Umgang mit Brüchen und Größen sowie der Bedienung eines Taschenrechners bedarf. Bei Schülern am Ende der Sekundarstufe I sind bezüglich der genannten Fertigkeiten eher wenige Schwierigkeiten zu erwarten. Eine mögliche Schwierigkeit dürfte darin bestehen, das Ergebnis gemessen an der Genauigkeit der Eingangsdaten sinnvoll zu runden. Bedenkt man beispielsweise, dass der Benzinverbrauch, welcher ohnehin ein Durchschnittswert pro 100 Kilometer ist, ganzzahlig angenommen wurde, so erscheint es nicht angemessen, das Ergebnis auf den Cent genau anzugeben.

Basierend auf den bisherigen Schritten der Basislösung gelangt man somit zu folgendem mathematischen Resultat:

$$T(40) = 52\,€$$
$$L(40) = 42\,€ + 2{,}94\,€ = 44{,}94\,€ \approx 45\,€$$
$$D(40) \approx 7\,€.$$

Neben der hier verwendeten Lösungsvariante existiert aufgrund der Offenheit der Aufgabe eine Vielzahl weiterer (mathematischer) Lösungsmöglichkeiten. So kann die Aufgabe etwa auch durch eine funktionale, eine algebraische oder eine inhaltliche Herangehensweise gelöst werden.[3] Bei der nachfolgenden Darstellung dieser charakteristischen Lösungsansätze[4] werden jeweils die beiden Faktoren Tankvolumen und Kraftstoffverbrauch berücksichtigt, zudem sollen alle im Abschnitt Vereinfachen/ Strukturieren genannten impliziten Annahmen gelten:

(A) Funktionale Lösung

Zwei Modelle, denen jeweils eine lineare Funktion zugrunde liegt, werden miteinander verglichen. Die Kosten (in €) für das Tanken in Trier könnten durch die Funktion $T(x) = 1{,}3 \cdot x$ und die Kosten (in €) für das Tanken in Luxemburg sowie für die Hin- und Rückfahrt durch die Funktion $L(x,y) = 1{,}05 \cdot x + 1{,}05 \cdot y \cdot 40/100$ beschrieben werden. Dabei ist x das Tankvolumen in Litern und y der Kraftstoffverbrauch in Litern pro 100 Kilometer. Nimmt man nun für einen der beiden Parameter einen konkreten Wert an, so kann man errechnen, welchen Wert der andere Parameter mindestens bzw. höchstens annehmen dürfte, damit sich die Fahrt für Frau Stein finanziell lohnt.

---

[3] Während der funktionalen und der algebraischen Variante eine gegenüber Abschnitt (3) leicht veränderte Mathematisierung zugrunde läge, ist bei der inhaltlichen Herangehensweise keine Übersetzung des realen Problems in die Mathematik erkennbar.

[4] Tatsächlich wird man in der Schulpraxis häufig eher Mischformen dieser Lösungstypen antreffen (vgl. Blum und Leiss 2005).

Beispielsweise kann man für den Benzinverbrauch 7 Liter pro 100 Kilometer annehmen. Entsprechend müssen dann die beiden Funktionen $T(x) = 1,3 \cdot x$ und $L(x) = 1,05 \cdot x + 2,94$ miteinander verglichen werden. Dies kann etwa durch Gleichsetzen der beiden Funktionsterme geschehen. Man erhält

$$1,3 \cdot x = 1,05 \cdot x + 2,94$$
$$\Leftrightarrow \quad 0,25 \cdot x = 2,94$$
$$\Leftrightarrow \quad x = 11,76.$$

Ebenso könnte das Ergebnis z. B. zeichnerisch über die Bestimmung des Schnittpunktes beider Funktionsgraphen ermittelt werden.

Entsprechend würde sich die Fahrt für Frau Stein etwa ab einem Tankvolumen von 12 Litern finanziell lohnen (finanziell lohnen bedeutet hier: nach dem Basismodell weniger kosten; die Frage, ob eine beliebige Ersparnis, unabhängig von deren Höhe, die Fahrt tatsächlich lohnenswert macht, stellt sich spätestens bei der Validierung in Schritt 6).

(B) Algebraische Lösung

Zunächst werden keine konkreten Annahmen für die beiden Größen Tankvolumen und Benzinverbrauch getroffen. Stattdessen wird beispielsweise mithilfe der Variablen x (Tankvolumen in Litern) und y (Benzinverbrauch in Litern pro 100 Kilometer) sowie folgender Ungleichung die gesamte Problemstellung modelliert:

$$1,05 \cdot x + 1,05 \cdot y \cdot 40/100 < 1,3 \cdot x$$

Ist diese Ungleichung erfüllt, so ist das Tanken in Luxemburg günstiger als in Trier, sodass sich die Fahrt für Frau Stein finanziell lohnt. Formt man die Ungleichung etwa nach der Variablen y um, so erhält man:

$$1,05 \cdot x + 0,42 \cdot y < 1,3 \cdot x$$
$$\Leftrightarrow \quad 0,42 \cdot y < 0,25 \cdot x$$
$$\Leftrightarrow \quad y < 0,6 \cdot x \quad \text{(gerundet)}$$

Somit muss, damit sich die Fahrt lohnt, der Verbrauch des Autos geringer sein als etwa 60 % der getankten Menge. Geht man etwa von einem Tankvolumen von 40 Litern aus, so müsste der Golf, damit sich die Fahrt nicht lohnt, durchschnittlich ca. 24 Liter auf 100 Kilometern oder sogar mehr verbrauchen, was einen realistischen Wert weit übersteigt. Somit kann davon ausgegangen werden, dass sich die Fahrt für Frau Stein finanziell lohnt.

(C) Inhaltliche Lösung

Dieser Lösungsvariante liegt eine inhaltliche Argumentationskette zugrunde, bei der es – wie in folgender Beispielargumentation – genügt, für einen der beiden Parameter einen konkreten Wert anzunehmen:

Mit jedem Liter Benzin, den man in Luxemburg tankt, spart man gegenüber Trier 25 Cent. Fünf Liter in Luxemburg getanktes Benzin ergeben also eine Ersparnis von 1,25 €. Mit dem eingesparten Geld könnte man sich einen weiteren Liter luxemburgisches Benzin leisten, da dieser nur 1,05 € kostet. Würde man nun 40 Liter tanken, also acht Mal so viel, so lässt sich überschlagen, dass man davon mindestens acht weitere Liter luxemburgisches Benzin kaufen könnte (der tatsächliche Wert läge sogar bei ca. 9,5 Litern). Es ist also so lange kostengünstiger, in Luxemburg zu tanken, wie das Auto auf den 40 Kilometern Hin- und Rückfahrt nicht mehr als acht Liter verbraucht. Bei einem VW Golf ist von einem solch hohen Verbrauch nicht auszugehen, sodass es sich für Frau Stein finanziell lohnt.

(5) Interpretieren

Bei der Interpretation wird das abstrakte mathematische Resultat $D(40) \approx 7\,€$ zurück in die Realität übersetzt, also zu einem realen Resultat transformiert. Diese Transformation kann im vorliegenden Fall – nicht zuletzt, da es sich um ein Resultat des Rechnens mit Größen handelt und die vorliegende Realsituation nicht zwingenderweise ein kontextabhängiges Auf- oder Abrunden verlangt – relativ direkt erfolgen. Entsprechend bedeutet das mathematische Resultat der Basislösung, dass Frau Stein, wenn sie unter den genannten Bedingungen zum Tanken von 40 Litern nach Luxemburg fährt, gegenüber dem Tanken der gleichen Benzinmenge in Trier ca. 7 € einspart.

(6) Validieren

Dem Aspekt der Validierung kommt bei einer solch offenen Modellierungsaufgabe wie „Tanken" eine besondere Rolle zu. Dabei sollte einerseits bereits im Verlauf des Modellierungsprozesses z. B. die Angemessenheit gewählter Vereinfachungen, angewendeter Verfahren und gebildeter Modelle evaluiert werden. Neben derartigen prozessbegleitenden Kontrollstrategien beinhaltet dieser Schritt andererseits eine Validierung der ermittelten Resultate. So kann etwa eine Überschlagsrechnung durchgeführt werden, um die Dimension der Ergebnisse zu überprüfen und so ggf. festzustellen, ob innermathematische Fehler gemacht wurden. Vor allem ist es in Bezug auf die Lösung einer Modellierungsaufgabe aber zentral zu evaluieren, ob das ermittelte reale Resultat tatsächlich zu einer adäquaten Beantwortung der realitätsbezogenen Problemstellung beitragen kann. Es bietet sich in diesem Zusammenhang an, das reale Resultat mit dem eigenen Wissen zur entsprechenden Thematik – falls vorhanden – abzugleichen. Beispielsweise geben die hin und wieder in den Medien auftauchenden Berichte zum Tanktourismus zumindest einen Hinweis darauf, dass sich Verhaltensweisen wie die von Frau Stein prinzipiell lohnen könnten.

Weiterhin beinhaltet der Validierungsschritt eine Reflexion der getroffenen Modellannahmen. So ist es z. B. denkbar, in einem erneuten Durchlauf des Modellierungskreislaufs zusätzliche Faktoren, wie sie etwa im obigen Abschnitt zum Vereinfachen/Strukturieren benannt wurden, zu berücksichtigen.

Ein naheliegender Aspekt wäre hier etwa die benötigte Zeit für die Fahrt nach Luxemburg und zurück inklusive des Tankvorgangs. Angenommen, man erhielte als mathematisches Resultat 0,5 €. Würde man ausschließlich die Kosten beider Varianten vergleichen, so müsste die Antwort lauten: „Die Fahrt nach Luxemburg lohnt sich für Frau Stein." Jedoch ist offensichtlich klar, dass nur wenige Menschen entscheiden würden, mehr als eine halbe Stunde Zeitaufwand – bezüglich der genauen Zeit könnte man wiederum eine Annahme treffen – in Kauf zu nehmen, nur um 50 Cent zu sparen. Hier lohnt es, sich vor Augen zu führen, dass man eine ernsthafte Beantwortung der realen Problemstellung verfolgt und nicht nur die Lösung einer Mathematikaufgabe (vgl. Leiss und Blum 2006). Entsprechend könnte man den Zeitaspekt in einen weiteren Durchlauf des Modellierungskreislaufs integrieren, etwa indem man z. B. eine Entscheidungsregel aufstellt, ab welchem Betrag sich der zeitliche Aufwand lohnt, oder indem man den Zeitaufwand mit einem für Frau Stein angenommenen Stundenlohn verrechnet.

Neben der Berücksichtigung des Zeitaufwandes könnte in einem erneuten Durchlauf des Modellierungskreislaufs das verwendete Basismodell exemplarisch folgendermaßen verfeinert werden:

- Ergänzend zu den für die Fahrstrecke anfallenden Kosten durch den verbrauchten Kraftstoff wird zusätzlich von kilometerbezogenen Kosten (z. B. Instandhaltungskosten durch Verschleiß des Autos, kilometerabhängiger Wertverlust, …) von 0,19 € pro gefahrenem Kilometer ausgegangen. Zusammen mit den Basisannahmen bezüglich Kraftstoffvolumen und Kraftstoffverbrauch ergeben sich so folgende Kosten für das Tanken in Trier und Luxemburg:

$$T'(40) = 40\,l \cdot 1{,}30\,€/l = 52\,€$$
$$L'(40) = 40\,l \cdot 1{,}05\,€/l + 40/100\,km \cdot 7\,l \cdot 1{,}05\,€/l + 40\,km \cdot 0{,}19\,€/km = 52{,}54\,€$$

Demnach wäre das Tanken in Luxemburg nicht mit einer finanziellen Ersparnis verbunden, sodass die Fahrt – selbst ohne Berücksichtigung der aufzuwendenden Zeit – nicht lohnen würde.

- Geht man zusätzlich zu den Annahmen des Basismodells davon aus, dass Frau Stein Raucherin ist und deshalb die Fahrt zur Tankstelle mit dem Einkauf von fünf Päckchen ihrer üblichen Zigarettenmarke verbindet (Kosten in Trier: 5,50 €; Kosten in Luxemburg: 4,25 €), ergeben sich folgende Kosten für Trier und Luxemburg:

$$T''(40) = 40\,l \cdot 1{,}30\,€/l + 5 \cdot 5{,}50\,€ = 79{,}50\,€$$
$$L''(40) = 40\,l \cdot 1{,}05\,€/l + 40/100\,km \cdot 7\,l \cdot 1{,}05\,€/l + 5 \cdot 4{,}25\,€ = 66{,}19\,€$$

Die Fahrt nach Luxemburg wäre also mit ca. 13 € mit einer noch größeren Ersparnis verbunden als im Basismodell, sodass sich die Fahrt durchaus lohnen könnte.

(7) Darlegen

Sofern im vorherigen Schritt das reale Resultat der Validierung „standgehalten" hat, sollten im letzten Schritt des Modellierungsprozesses der letztendliche Lösungsprozess sowie die damit verbundenen Überlegungen und Begründungen dargelegt werden (häufig geschieht ein Teil dieser Arbeit natürlich schon während des Prozesses). Dabei sind alle relevanten Aspekte wie etwa die der Rechnung zugrunde liegenden Annahmen und Vereinfachungen formal korrekt, vollständig und verständlich darzustellen, sodass der Lösungsprozess auch von einer außenstehenden Person nachzuvollziehen ist. Hierbei handelt es sich – im Gegensatz zu den übrigen Schritten, die unmittelbar die Bewältigung der realitätsbezogenen Problemstellung betreffen – um eine zum Teil didaktisch begründete Anforderung, die vor allem für die Bearbeitung von Modellierungsaufgaben im Rahmen mathematikbezogener Lernprozesse Relevanz besitzt. Insbesondere bei Aufgaben wie „Tanken", bei denen der Kern der Problemstellung das Hinterfragen bzw. die Beurteilung einer Handlung darstellt und die nicht ohne das Treffen zusätzlicher Annahmen auskommen, stellt dieser letzte Schritt besondere Anforderungen an die Kompetenzen Kommunizieren und Argumentieren der Schüler. Eine beispielhafte Darlegung eines Lösungsprozesses zur Aufgabe „Tanken" ist in Abb. 5.6 dargestellt.

Insgesamt ergibt sich unter Einbezug der geschilderten Prozessschritte der für die Aufgabe „Tanken" konkretisierte Modellierungskreislauf wie in Abb. 5.7 veranschaulicht.

5.3   Quantitative Analyse

Um Informationen über empirische Schwierigkeiten und charakteristische Bearbeitungsweisen der Aufgabe „Tanken" zu erhalten, wurde die Aufgabe vor der Durchführung der drei beschriebenen Teilstudien im Rahmen des Eingangstests des Modellversuchs SINUS-Transfer eingesetzt und dort von etwa 450 Schülern bearbeitet.[5] Neben der Ermittlung zentraler statistischer Kenngrößen wurde bei dieser Vorstudie insbesondere eine Detailkodierung der im Test entstandenen Schülerlösungen vorgenommen.

5.3.1   Statistische Kennwerte der Aufgabe

Betrachtet man zunächst die relativen Lösungshäufigkeiten der Aufgabe in Abhängigkeit von der Schulform, so ergeben sich die Werte aus Tab. 5.1. Dabei wurde eine

---

[5] Keiner der am SINUS-Eingangstest teilnehmenden Schüler gehörte zur Stichprobe der in Abschn. 4.4 beschriebenen drei Teilstudien.

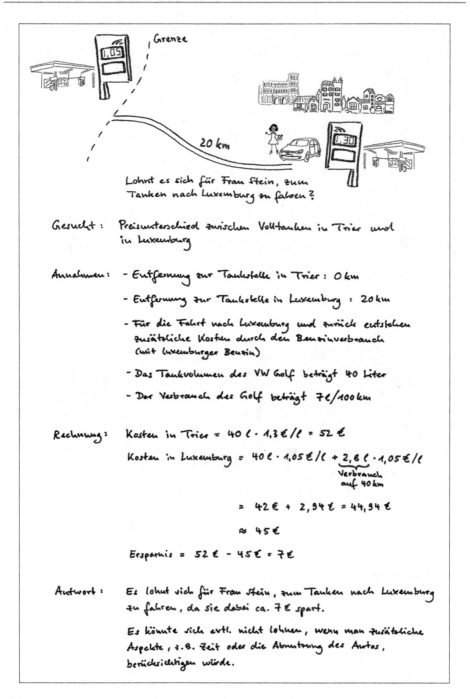

Abb. 5.6 Exemplarische Darstellung der Basislösung zur Aufgabe „Tanken"

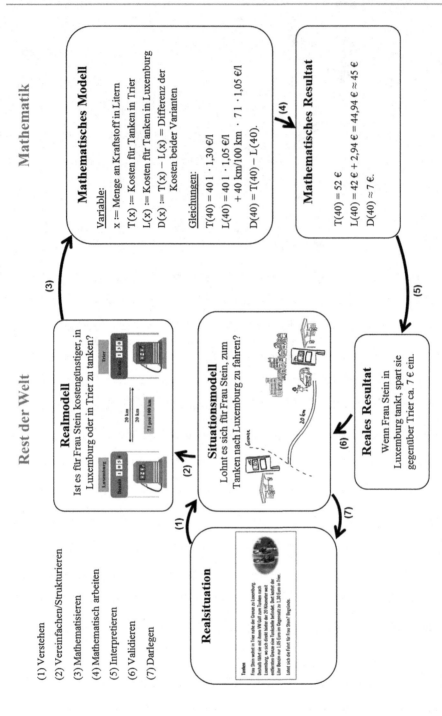

Abb. 5.7 Modellierungskreislauf zur Aufgabe „Tanken"

Tab. 5.1 Relative Lösungshäufigkeiten der Aufgabe „Tanken"

Gymnasium	7,5 %
Realschule	1,3 %
Hauptschule	0 %
Gesamt	4,2 %

Tab. 5.2 Detailkodierung der Schülerlösungen zur Aufgabe „Tanken"

1. Stelle	Richtig-falsch-Zuordnung (Basis der Auswertung in 5.3.1)
2. Stelle	Zugrunde liegendes Realmodell
3. Stelle	Zugrunde liegendes mathematisches Modell
4. Stelle	Getroffene Entscheidung
5.–10. Stelle	Verortung von Fehlern im Modellierungskreislauf

Schülerlösung als korrekt bewertet, wenn das reale und das mathematische Modell keine Fehler enthielten, ein realistisches Ergebnis ermittelt wurde – unabhängig von eventuellen Flüchtigkeitsfehlern beim innermathematischen Arbeiten – und die Frage aus der Aufgabenstellung beantwortet wurde.

Zudem wurden die zugrunde liegenden Daten mithilfe des dichotomen Raschmodells (vgl. u. a. Rost 2004, S. 115ff.) skaliert. Hierbei ergab sich ein Logit-Wert von 3,36. Mithilfe einer Lineartransformation unter Verwendung von Ankeritems könnte der Aufgabe auf der PISA-2003-Skala ein Wert von 772 Punkten zugeordnet werden. Somit läge die Aufgabe bei PISA 2003 innerhalb der höchsten nach oben offenen Kompetenzstufe, die umschrieben wird mit „students can conceptualise, generalise, and utilise information based on their investigations and model complex situations" (OECD 2005, S. 206f.).

5.3.2   Detailkodierung der Schülerlösungen

Die ca. 450 während des Tests entstandenen Schülerlösungen wurden mit einem zehnstelligen Code versehen, der Aufschluss über die zugrunde liegenden Lösungsprozesse sowie die darin aufgetretenen Schwierigkeiten geben sollte. Die Detailkodierung geschah dabei entlang Tab. 5.2.

Während die Auswertung der ersten Stelle bereits im vorangegangenen Abschnitt dargestellt wurde, soll im Folgenden ein Überblick über die übrigen Stellen gegeben werden. Dabei wurden für die Stellen 2 bis 10 nur in den ca. 330 Fällen Codes vergeben, in denen die Aufgabe überhaupt bearbeitet wurde, d. h. bei denen an der ersten Stelle kein Missing-Code vergeben wurde.

2. Stelle: Nur in 48 % der Fälle konnte ein Ansatz zur Bildung eines Realmodells identifiziert werden. Dabei verwendeten 46 % Schüler das in Abschn. 5.2.2 skizzierte Basismodell, lediglich 2 % versuchten, weitere Faktoren in ihre Lösung zu

integrieren. In den übrigen 52 % der Fälle konnte entweder aufgrund des Aufschriebs nicht auf den gewählten Ansatz geschlossen werden oder die Schüler
bemängelten, dass zu wenige Informationen im Aufgabentext gegeben sind.

3. Stelle: Mit 76 % war bei einem Großteil der Lösungen aufgrund des Aufschriebs
               nicht erkennbar, welches mathematische Modell gewählt wurde. Erkenn-
               bare Modelle verteilten sich auf den funktionalen Ansatz (8 %), den inhalt-
               lichen Ansatz (6,5 %) sowie algebraische und Mix-Ansätze (zusammen
               2,5 %). Weitere 7 % der Schüler verwendeten kein mathematisches Modell,
               sondern argumentierten ausschließlich unter Verwendung realitätsbezoge-
               ner Argumente (z. B. „Das kostet zu viel Zeit").

4. Stelle: Insgesamt wurde nur selten eine Entscheidung getroffen, da 79 % der
               Lösungsprozesse aufgrund offensichtlich unüberwindbarer Hürden zuvor
               abgebrochen wurden. Wurde eine Lösung der Aufgabe ermittelt, so ent-
               schied sich gemäß der Basislösung eine deutliche Mehrheit der Schüler
               (Verhältnis etwa 4:1) dafür, dass es sich lohnt, in Luxemburg zu tanken.

5.–10. Stelle: In jedem Schritt des Modellierungsprozesses konnten zahlreiche Schwierig-
               keiten und Fehler festgestellt werden. Die häufigsten Probleme traten dabei
               mit 55 % bezüglich des Treffens von Annahmen im zweiten Schritt des
               Modellierungsprozesses auf. Allerdings konnte bei ca. 40 % der Schülerlö-
               sungen keine eindeutige Verortung der aufgetretenen Fehler im Modellie-
               rungskreislauf vorgenommen werden.

5.4   Qualitative Analyse

Während im vorangegangenen Abschnitt vor allem die Lösungsprodukte betrachtet
wurden, werden im Folgenden die Lösungsprozesse von Schülern in den Mittelpunkt
der Analyse gestellt. Grundlage der qualitativen Analyse stellt dabei zum einen eine weitere Vorstudie mit acht Schülern dar, die nicht an der späteren Hauptstudie teilnahmen.
Im Rahmen von Laborsitzungen wurden die Schüler dabei in Paaren unterschiedlicher
Schulstufen und Leistungsniveaus (von eher leistungsschwachen Hauptschülern bis zu
eher leistungsstarken Gymnasiasten) videographiert, während sie die Aufgabe selbstständig ohne Hilfe einer Lehrperson bearbeiteten. Zum anderen wurden zahlreiche schriftliche Schülerlösungen, die im Rahmen der DISUM-Studie in verschiedenen Test- und
Laborsituationen entstanden sind, bezüglich dort aufgetretener Schwächen im Lösungsprozess ausgewertet.

Als Ergebnis der qualitativen Analyse der Bearbeitungsprozesse und Schülerlösungen sollen im Folgenden zusammenfassend typische Schülerschwierigkeiten bei der
Bearbeitung der Aufgabe „Tanken" aufgeführt und anhand schriftlicher Schülerlösungen illustriert werden. Das Wissen über derartige charakteristische Hürden bei der
Aufgabenbearbeitung erscheint aus unterrichtspraktischer Sicht insofern relevant, als es

der Lehrperson ermöglicht, bei entsprechenden Schwierigkeiten im Unterricht ad hoc adäquat reagieren zu können.

Wie schon in der quantitativen Analyse im Rahmen des SINUS-Transfer-Tests zeigte sich auch hier, dass die meisten Probleme bei der Erstellung eines adäquaten Realmodells auftraten. Insbesondere bereitete es den Schülern Probleme, nicht im Aufgabentext gegebene, für die Bearbeitung relevante Größen zu identifizieren und hierfür konkrete Annahmen zu treffen. Zudem konnten zahlreiche Probleme bezüglich der Validierung der ermittelten Resultate festgestellt werden. Darüber hinaus bestätigte sich für die Aufgabe „Tanken" die Aussage, dass jeder Schritt des Modellierungsprozesses eine potentielle kognitive Hürde für Schüler darstellt (siehe z. B. Blum 2011; Galbraith und Stillman 2006)[6]:

Schritt 1 *Verstehen*

- Die „Kosten pro Liter Benzin" werden als Gesamtkosten des Tankens missverstanden, bzw. im Sinne einer „superficial solution" (Verschaffel et al. 2000, S. 13) werden Zahlenwerte aus der Aufgabenstellung in naheliegender Weise miteinander kombiniert, z. B.:

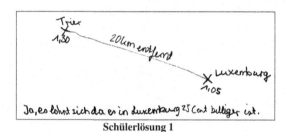

Schülerlösung 1

Schritt 2 *Vereinfachen und Strukturieren*

- Identifikation im Aufgabentext fehlender Größen ohne diesbezügliches Treffen von Annahmen mit der Folgerung: „Aufgabe nicht lösbar" oder Lösungsabbruch, z. B.:

Schülerlösung 2

---

[6] Auch wenn alle nachfolgend abgebildeten Schülerlösungen bzw. deren Auszüge auf spezifische Problemstellen im Modellierungsprozess hinweisen, sind diese Lösungen nicht per se als falsch zu bewerten. So wären etwa die Schülerlösungen 10 und 11 in der dichotomen Richtig-Falsch-Zuordnung des quantitativen Tests aus Abschn. 5.3 als richtig kodiert worden.

- Fehlende Berücksichtigung der 20 km Entfernung zur luxemburgischen Grenze, z. B.:

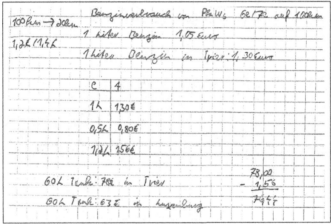

	Trier	Luxemburg
1 ml	1,30 €	1,05 €
10 ml	13 €	10,50 €
20 l	26 €	21,00 €
40 l	52 €	42 €
100 l	130 €	105 €

Ja, die Fahrt lohnt sich für Frau Stein, da die luxemburgische Tankstelle immer billiger als die in Trier ist.

Schülerlösung 3

- Berücksichtigung der 20 km und des entsprechenden Kraftstoffverbrauchs, jedoch nur für die Hinfahrt, z. B.:

Schüerlosüng 4 (Auszug)

Schritt 3 *Mathematisieren*
- Aufstellung von Gleichungen, in denen nicht berücksichtigt wird, dass Größen mit unterschiedlichen Maßeinheiten vorliegen, z. B.:

$$40 \text{ km} + 1{,}05x = 1{,}30x \mid -1{,}05x$$

Schülerlösung 5 (Auszug)

- Fehlende Erstellung eines mathematischen Modells, stattdessen oberflächliche Begründung, z. B.:

Nein, es lohnt sich nicht, da allein die Benzinkosten für die Fahrt hin - und zurück sehr teuer sind.

Schülerlösung 6

Schritt 4 *Mathematisch Arbeiten*

- Fehlerhafter Umgang mit Größen, z. B.:

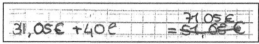

Schülerlösung 7 (Auszug)

- Probleme bei der Umformung von Gleichungen, z. B.:

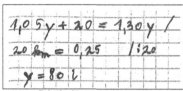

Schülerlösung 8 (Auszug)

Schritt 5 *Interpretieren*

- Fehlerhafte Übersetzung des mathematischen Resultats in die Realität, z. B.:

Schülerlösung 9 (Auszug)

- Inadäquate Ergebnisgenauigkeit in Bezug auf die reale Problemstellung (durch Ausbleiben situationsangemessenen Rundens), z. B.:

Schülerlösung 10

Schritt 6 *Validieren*

- Fehlende Überprüfung, ob das ermittelte Resultat die reale Fragestellung tatsächlich adäquat beantworten kann, sodass die Fahrt nach Luxemburg auch dann empfohlen wird, wenn nur wenige Cent eingespart werden, z. B.:

Schülerlösung 11 (Auszug)

Schritt 7 *Darlegen*
- Ermittlung einer Lösung ohne explizite Darlegung getroffener Annahmen, z. B.:

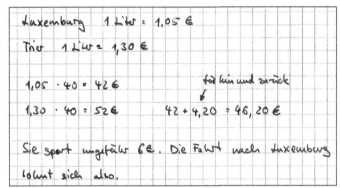

Schülerlösung 11 (nachgestellt)

Insgesamt belegen die Analysen der letzten beiden Abschnitte, dass die Aufgabe „Tanken" einen außerordentlich hohen Schwierigkeitsgrad für Schüler der neunten Klasse – egal welcher Schulform – aufweist, sodass sich die Notwendigkeit der lehrerseitigen Unterstützung bei der Bearbeitung der Aufgabe im Unterricht ergibt. Bereits die Detailanalysen der Schülerlösungen aus dem SINUS-Transfer-Test haben aufgezeigt, dass Schüler Schwierigkeiten in allen Schritten des Modellierungsprozesses haben und es ihnen insbesondere schwerfällt, ein adäquates Realmodell zur gegeben Situation zu konstruieren. Der Überblick über charakteristische Schülerfehler zu den jeweiligen Schritten des Modellierungsprozesses erlaubt zudem einen Einblick in die Vielfalt der Hürden, die im Modellierungsprozess der Aufgabe „Tanken" zu erwarten sind (und illustriert damit insbesondere auch den hohen Anspruch an die Lehrperson bei der Begleitung entsprechender Lösungsprozesse im Unterricht). Aus forschungsmethodischer Sicht sprechen die hier vorgestellten Resultate dafür, dass sich die Aufgabe für das gewählte methodische Vorgehen eignete, da aufgrund des hohen Schwierigkeitsgrades und der Vielfalt kognitiver Hürden davon auszugehen war, dass sie in allen Schritten des Bearbeitungsprozesses mit hoher Wahrscheinlichkeit Lehrerinterventionen initiieren würde.

Literatur

Blum, W. (2011). Can modelling be taught and learnt? Some answers from empirical research. In G. Kaiser, W. Blum, R. Borromeo Ferri, & G. Stillman (Hrsg.), *Trends in teaching and learning of mathematical modelling. ICTMA 14* (S. 15–30). Dordrecht: Springer.

Blum, W., & Leiss, D. (2005). Modellieren im Unterricht mit der "Tanken"-Aufgabe. *mathematik lehren* (128), 18–21.

Borromeo Ferri, R. (2005). *Mathematische Denkstile*. Hildesheim: Franzbecker.

Christmann, U., & Groeben, N. (1999). Psychologie des Lesens. In B. Franzmann, K. Hasemann, D. Löffler, & E. Schön (Hrsg.), *Handbuch Lesen* (S. 145–223). München: Saur.

Downs, R. M., & Stea, D. (1973). *Image and environment. Cognitive mapping and spatial behavior*. Herdonva: Walter De Gruyter Inc.

Galbraith, P. L., & Stillman, G. A. (2001). Assumptions and context: Pursuing their role in modelling activity. In J. F. Matos, W. Blum, K. Houston, & S. Carreira (Hrsg.), *Modelling and mathematics education. ICTMA 9: Applications in science and technology* (S. 300–310). Chichester: Horwood Publishing.

Galbraith, P. L., & Stillman, G. (2006). A framework for identifying student blockages during transitions in the modelling process. *ZDM, 38*(2), 143–162.

Goldman, S. R., & Rakestraw, J. A. (2000). Structural aspects of constructing meaning from text. In M. L. Kamil, P. B. Mosenthal, P. D. Pearson, & R. Barr (Hrsg.), *Handbook of reading research*. (Bd. 3, S. 311–336). Mahwah: Lawrence Erlbaum.

Kaiser, G. (1995). Realitätsbezüge im Mathematikunterricht. Ein Überblick über die aktuelle und historische Diskussion. In G. Graumann, T. Jahnke, G. Kaiser, & J. Meyer (Hrsg.), *Materialien für einen realitätsbezogenen Mathematikunterricht* (Bd. 2, S. 66–84). Hildesheim: Franzbecker.

KMK (Hrsg.). (2004). *Bildungsstandards im Fach Mathematik für den Mittleren Schulabschluss*. München: Luchterhand.

Leiss, D. (2007). *Hilf mir es selbst zu tun. Lehrerinterventionen beim mathematischen Modellieren*. Franzbecker: Hildesheim.

Leiss, D., & Blum, W. (2006). Beschreibung zentraler mathematischer Kompetenzen. In W. Blum, C. Drüke-Noe, R. Hartung, & O. Köller (Hrsg.), *Bildungsstandards Mathematik: konkret* (S. 33–50). Berlin: Cornelsen Scriptor.

Leiss, D., Schukajlow, S., Blum, W., Messner, R., & Pekrun, R. (2010). The role of the situation model in mathematical modelling. Task analyses, student competencies, and teacher interventions. *JMD, 31*(1), 119–141.

Naumann, C. (2005). *Tanktourismus im deutsch-luxemburgischen Grenzraum am Beispiel Mertert-Wasserbillig*. Unveröffentlichte Diplomarbeit, Universität Bonn.

Newell, A., & Simon, H. A. (1972). *Human problem solving*. New Jersey: Prentice-Hall Inc.

OECD. (2005). *PISA 2003 Technical Report*. Paris: OECD Publishing.

Reusser, K. (1989). *Vom Text zur Situation zur Gleichung. Kognitive Simulation von Sprachverständnis und Mathematisierung beim Lösen von Textaufgaben*. Habilitationsschrift, Universität Bern.

Rost, J. (2004). *Lehrbuch Testtheorie – Testkonstruktion*. Bern: Verlag Hans Huber.

Schmid-Barkow, I. (2010). Lesen. Lesen als Textverstehen. In V. Frederking, H. W. Huneke, A. Krommer, & C. Meier (Hrsg.), *Taschenbuch des Deutschunterrichts* (Bd. 1, S. 218–231). Baltmannsweiler: Schneider Verlag Hohengehren.

Verschaffel, L., Greer, B., & de Corte, E. (2000). *Making sense of word problems*. Lisse: Taylor & Francis.

vom Hofe, R. (1995). *Grundvorstellungen mathematischer Inhalte*. Heidelberg: Spektrum.

Weinert, F. E. (1996). Lerntheorien und Instruktionsmodelle. In F. E. Weinert (Hrsg.), *Psychologie des Lernens und der Instruktion* (Bd. 2, S. 1–47). Göttingen: Hogrefe.

Ergebnisse der Datenanalyse

6

Nachfolgend werden die Resultate der Datenanalyse dargestellt und diskutiert. Zunächst werden dabei in Abschn. 6.1 beispielhaft drei Fallanalysen vorgestellt, in denen Lehrerinterventionen in einem problembasierten Lehrer-Schüler-Gespräch qualitativ bezüglich der Kategorien des in Kap. 4 vorgestellten Kategoriensystems analysiert wurden. In Abschn. 6.2 wird dann zunächst durch die Betrachtung formaler Charakteristika, anschließend durch Häufigkeitsanalysen der Interventionskategorien und schließlich durch einen Vergleich des Interventionsverhaltens in den drei Teilstudien das Augenmerk auf zentrale Resultate der Analyse des gesamten erhobenen Datensatzes gerichtet.[1]

6.1   Problembezogene Fallanalysen

Wenngleich einige allgemeine Interventionscharakteristika existieren, die auf ein nichtadaptives Interventionsverhalten der Lehrpersonen schließen lassen – so viel sei der Analyse des Gesamtdatensatzes in Abschn. 6.2 vorausgegriffen – so kann doch die Beurteilung, ob Lehrerinterventionen tatsächlich adaptiv sind, nie losgelöst vom jeweiligen Kontext stattfinden, da Adaptivität von den Voraussetzungen der vorliegenden Situation und dem situativen Verhalten aller Akteure abhängt (siehe Abschn. 2.3).

Aus diesem Grunde wurden Fallanalysen zu verschiedenen in den Unterrichtssituationen aufgetretenen problembezogenen Einzelfällen durchgeführt, bei denen die Lehrerinterventionen während des Lehrer-Schüler-Gesprächs kategoriebasiert analysiert wurden, um Rückschlüsse auf die Adaptivität des beobachteten Interventionsverhaltens ziehen zu können.

---

[1] Teile der hier vorgestellten Ergebnisse wurden bereits in Leiss (2007 und 2010) berichtet.

D. Leiss und N. Tropper, *Umgang mit Heterogenität im Mathematikunterricht*,
Mathematik im Fokus, DOI: 10.1007/978-3-642-45109-6_6,
© Springer-Verlag Berlin Heidelberg 2014

Drei dieser Fallanalysen sollen hier exemplarisch vorgestellt werden. Dabei wird zunächst jeweils die vorliegende Problemsituation beschrieben und das Schülerproblem genauer im Modellierungskreislauf verortet, um Zusammenhänge zwischen der vorliegenden Hürde im Modellierungsprozess und der damit verbundenen Lehrerreaktion feststellen zu können. Weiterhin wird das Interventionsverhalten des Lehrers detailliert mit speziellem Fokus auf die Interventionskategorien Auslöser, Ebene und Absicht beschrieben. Die Analyse nimmt dabei stets zunächst die Diagnose des Problems durch den Lehrer und anschließend seine Reaktion auf das diagnostizierte Problem in den Blick. Zudem wird die Schülerreaktion auf das stattgefundene Gespräch mit dem Lehrer skizziert sowie in einem abschließenden Absatz versucht, das Interventionsverhalten hinsichtlich dessen Adaptivität zu beurteilen.

6.1.1   Erstes Fallbeispiel

Das nachfolgend dargestellte Beispiel wurde ausgewählt, da es aufzeigen kann, wie stark die Adaptivität von Lehrerinterventionen von situationalen Faktoren und Schülervoraussetzungen abhängt. Auch wenn der Lehrer auf der Grundlage einer ausführlichen Diagnose agiert und offenbar bemüht ist, sein Handeln auf die vorliegenden Bedingungen anzupassen und den Schüler möglichst zurückhaltend im Prozess zu unterstützen, führt dies letztlich nicht zur gewünschten Schülerreaktion bzw. Fortführung des Prozesses.

Beschreibung der Problemsituation Das Problem, welches im Folgenden analysiert werden soll, zeigte sich während der Diagnose einer schriftlichen Schülerlösung zur Aufgabe „Tanken", nachdem der Schüler die Aufgabenbearbeitung abgeschlossen hatte (siehe unten die nachgestellte Schülerlösung von Daniel zu diesem Zeitpunkt). In seiner Lösung geht der Schüler Daniel davon aus, dass der Kraftstoffverbrauch des Golfs 10 Liter auf 100 Kilometern beträgt. Basierend auf dieser Annahme berechnet er die Kosten für zwei unterschiedliche Fälle. Fall 1: Wird das Auto mit 40 Litern betankt, so spart Frau Stein 5,80 €, wenn sie zum Tanken nach Luxemburg fährt. Fall 2: Betankt sie das Auto mit 18 Litern, so spart sie 30 Cent, wenn sie in Luxemburg tankt. In beiden Fällen zieht Daniel den Schluss, dass sich die Fahrt nach Luxemburg lohnt. Offenbar wurde dabei der zweite Fall herangezogen, um eine funktionale Lösung der Aufgabe zu erstellen, da Daniel für diesen Fall in seiner Antwort formuliert, dass Frau Stein *mindestens* 18 Liter tanken müsse, damit sich die Fahrt lohnt.

VW Golf
ca. 10 Liter auf 100 km

km	Liter
:10 (100	10) :10
10	1
:10 (1	0,1) :10
·20 (20	2) ·20

Luxemburg	2 Lit	40 Lit	40 km Fahrtkosten
€	2,10 €	42 €	+ 4,20 = 46,20 €
Trier	2 Lit	40 Lit	
€	2,60 €	52 €	+ nichts

L : 18 Liter = 23,1 €
D : 18 Liter = 23,4 €

Wenn Frau Stein nach Luxemburg fährt, spart
sie 5,80 €, wenn sie 40 Liter tankt.

Sie muss mind. 18 Liter tanken, damit sich
die Fahrt nach Luxemburg lohnt.

Schülerlösung von Daniel vor der Interventionssituation (nachgestellt)

Spezifikation des Problems Daniels Aufgabenlösung legt nahe, dass bei einem positiven
Wert der Differenz zwischen den Tankkosten in Luxemburg und Trier die Fahrt nach
Luxemburg automatisch als lohnend eingeschätzt werden kann, unabhängig von der
Höhe des eingesparten Betrages.[2] Bedenkt man jedoch, dass der Aufgabe „Tanken" eine
realitätsbezogene Problemstellung zugrunde liegt und dass die Aufgabenlösung folglich

---

[2] Dass basierend auf Daniels Annahmen auch schon bei 17 Litern ein positiver Wert entstünde,
da die Ersparnis für das Tanken in Luxemburg 0,05 € betrüge, stellt einen (zu vernachlässigenden)
Interpretationsfehler des Schülers dar, der im Folgenden nicht weiter thematisiert werden soll.

eine situationsadäquate Beantwortung dieser Problemstellung verlangt, erscheint es nicht angemessen, 40 Kilometer mit dem Auto zu fahren, nur um 30 Cent einzusparen. Nimmt man den Realkontext ernst, so muss man die errechnete finanzielle Ersparnis von 30 Cent vor dem Hintergrund ergänzender Faktoren bewerten. Beispielsweise kann davon ausgegangen werden, dass sich nur wenige Menschen bereit erklären würden, den mit der Fahrt verbundenen zeitlichen Aufwand auf sich zu nehmen, um beim Tanken einen derart geringen Geldbetrag einzusparen (wenn die Fahrt nicht gerade mit einer Fahrtzweckkopplung wie etwa dem Einkauf günstigerer Zigaretten in Luxemburg verbunden ist). Auch Faktoren wie Umweltbewusstsein oder der Verschleiß des Autos würden vermutlich dazu beitragen, die Fahrt trotz einer finanziellen Ersparnis von 30 Cent als nicht lohnend einzustufen.

Daniel mag demnach zwar die *Mathematikaufgabe „Tanken"* gelöst haben. Eine Validierung im Sinne einer Überprüfung, ob das errechnete Ergebnis eine adäquate Beantwortung der zugrunde liegenden *authentischen Realsituation* ermöglicht, hat jedoch offenbar nicht stattgefunden. Daniels Problem kann also beim Validieren, dem sechsten Schritt des Modellierungskreislaufs aus Abb. 3.1, verortet werden.

Lehrerdiagnose des vorliegenden Problems Der Lehrer besucht Daniels Arbeitsgruppe, ohne zuvor von den Schülern angesprochen worden zu sein, und informiert sich nun über den Arbeitsstand der Gruppe, indem er nacheinander die schriftlichen Lösungen der Gruppenmitglieder betrachtet und sich mit ihnen über die zugrunde liegenden Annahmen austauscht. Er analysiert Daniels schriftliche Lösung und erfragt die verwendeten Annahmen:

Lehrer:	*(Betrachtet Schülerlösung von Daniel)* So, wie ist das bei euch? Wie viel – 5,80 €, wenn sie 40 Liter tankt. Und wie hoch ist der Verbrauch?	(1)
Daniel:	10 Liter.	
Lehrer:	10 Liter *(betätigt Taschenrechner)*. Und was kriegst du raus? *(Betrachtet Schülerlösung)* Ja, das stimmt.	(2)
	Ähm – du sagst da, „mindestens 18 Liter"?	(3)
Daniel:	18 Liter muss sie mindestens tanken. Da spart sie 30 Cent.	

Da der Lehrer nicht von den Schülern angesprochen wurde, sondern aus dem eigenen Anspruch heraus handelt, Arbeitsstand und Schülerlösungen der Gruppe zu diagnostizieren, kann der Auslöser der ersten Intervention, die mit dem Problem verbunden ist, der Kategorie *Lehreranspruch (A3)* zugeordnet werden.[3] Die Interventionen (1) und (2) beziehen sich dabei auf die erste von Daniel angestellte Berechnung, der die Annahme von 40 getankten Litern zugrunde liegt. Der Lehrer erfragt den angenommenen Kraftstoffverbrauch sowie das resultierende mathematische Ergebnis, welches er parallel mit seinem Taschenrechner überprüft. Entsprechend wird mit beiden Interventionen eine *diagnostische Absicht (Ab1)* verfolgt. Sie finden auf der *inhaltlichen Ebene (E1)* statt, da sie dem zweiten bzw. dem vierten Schritt des

---

[3] Für einen Überblick über alle vergebenen Codes siehe Tab. 6.1 auf Seite 79.

Modellierungskreislaufs zugeordnet werden können. In (2) gibt der Lehrer – zusätzlich zur bereits erwähnten diagnostischen Absicht – ein positives *Feedback* (*Ab2*).

Im Anschluss betrachtet er denjenigen Teil von Daniels Lösung, welchem die 18 Liter-Annahme zugrunde liegt: Er stellt mit (3) eine *diagnostische Frage* (*Ab1*), die sich erneut auf die *inhaltliche Ebene* (*E1*) bezieht. Dabei liest er einen Teil von Daniels Antwortsatz auf die Frage vor, sodass die Intervention dem letzten Schritt des Modellierungskreislaufs, der Lösungsdarstellung, zugeordnet werden kann. Daniel antwortet, indem er seinen schriftlichen Antwortsatz unter Bezugnahme auf die 30 Cent erläutert, welche er errechnet (aber nicht notiert) hat. Hierdurch wird dem Lehrer Daniels Problem bei der Ergebnis-Validierung ersichtlich.

Lehrerreaktion auf das diagnostizierte Problem Die Diagnose des Problems initiiert direkt den nächsten Gesprächsabschnitt:

Lehrer:	Hmm… Letztlich müsst ihr ja noch überlegen – weil die Frage heißt ja: <u>Lohnt</u> es sich (*zeigt auf Aufgabentext*). Also lohnt das?	(4)
Daniel:	Ja, 18 Liter… (*unterbrochen*)	
Lehrer:	(*Unterbricht*) Ja, also dann – wenn sie einen Cent spart, fährt die dann 40 Kilometer nach Luxemburg, wenn sie einen Cent spart?	(5)
Daniel:	Nö.	

Die Reaktion des Lehrers lässt vermuten, dass er Daniels Problem identifiziert hat, sodass Intervention (4) durch einen (*potentiellen*) *Schülerfehler* (*A1*) ausgelöst wird. Um Daniel einen *Hinweis* (*Ab3*) zur Überwindung seines Problems zu geben, bezieht er sich explizit auf die in der Aufgabenstellung formulierte Frage und betont den Begriff „lohnt". Hierdurch versucht er offenbar eine weitere Reflexion der Interpretation des Begriffs anzustoßen. Bislang fand Daniels Aufgabenbearbeitung ausschließlich unter dem Gesichtspunkt statt, ob es für Frau Stein kostengünstiger ist, in Luxemburg oder Trier zu tanken, seine Interpretation des Lohnen-Begriffs beschränkt sich also auf eine finanzielle Ersparnis. Eine normative Interpretation des Begriffs in einer Weise, die sowohl die mathematische Bearbeitung als auch eine adäquate Beantwortung der zugrunde liegenden realen Problemstellung erlaubt, ist ein zentraler Teil der Bildung des Realmodells. Somit interveniert der Lehrer in (4) erneut auf der *inhaltlichen Ebene* (*E1*), springt nun aber zurück zum zweiten Schritt des Modellierungsprozesses.

Mit (5) schließt der Lehrer direkt eine weitere Intervention auf der *inhaltlichen Ebene* (*E1*) an, in welcher er zum sechsten Schritt des Modellierungskreislaufs übergeht, um Daniel zu verdeutlichen, dass eine Notwendigkeit zur Erweiterung seiner eingeschränkten Interpretation des „lohnen"-Begriffs besteht. Zu diesem Zweck versucht er Daniel zu einer Validierungsüberlegung herauszufordern, indem er die 30 Cent auf einen Cent reduziert und so eine noch extremere Situation konstruiert. Auch wenn die Intervention in Form einer Frage formuliert ist, stellt sie klar einen indirekten *Hinweis* (*Ab3*) dar. Daniels schnelle Reaktion – er benötigt nicht einmal eine halbe Sekunde, um zu antworten – zeigt, dass er die vom Lehrer angeregte Validierungsüberlegung nachvollziehen kann, auch wenn er diesen Aspekt bis zu diesem Zeitpunkt offenbar selbst nicht bedacht hatte.

Der Lehrer kann nun davon ausgehen, dass Daniel prinzipiell dazu in der Lage ist, seine ausschließlich finanzielle Interpretation von „lohnen" in Frage zu stellen. Er regt eine Korrektur der bisherigen Aufgabenlösung an:

Lehrer:	Nö. Also. Dann kann man sagen – du kannst dann sagen (*zeigt auf Schülerlösung*): Sie muss mindestens 18 Liter tanken, damit das <u>billiger</u> ist.	(6)
Daniel:	Sie muss… Ja.	
Lehrer:	Das wäre richtig. Ja. Aber das Lohnen wäre noch 'ne andere Überlegung.	(7)
Daniel:	Bei 40 Litern lohnt es sich. Wenn man 5,80 € spart, dann ist das schon was.	
Lehrer:	Ja, also (*an die gesamte Gruppe gerichtet*) – ihr müsst noch die Entscheidung treffen, ob es sich lohnt (*geht weiter zur nächsten Gruppe*).	(8)

Alle drei Interventionen in diesem Teil der Konversation können primär der Kategorie *Hinweis* (*Ab3*) zugeordnet werden und finden erneut alle auf der *inhaltlichen Ebene* (*E1*) statt. In (6) thematisiert der Lehrer die Interpretation des mathematischen Resultats, also den fünften Schritt im Modellierungsprozess. Er schlägt eine Möglichkeit vor, wie die von Daniel schriftlich formulierte Antwort so angepasst werden könnte, dass deutlich wird, dass der Antwort allein finanzielle Überlegungen zugrunde liegen.

Er fährt direkt mit Intervention (7) fort, in welcher er Daniel zunächst das *Feedback* (*Ab2*) gibt, dass seine Lösung – abgesehen von der in (6) vorgeschlagenen Modifikation – korrekt ist. Zudem bezieht er sich erneut auf die Interpretation des Begriffs „lohnen" und weist darauf hin, dass weitere Überlegungen angestellt werden müssen, um eine adäquate Beantwortung der in der Aufgabe formulierten Fragestellung zu erhalten. Somit springt er in der Intervention zum zweiten Schritt des Modellierungsprozesses. Daniels Reaktion lässt vermuten, dass er die Unterscheidung des Lehrers zwischen „lohnend" und „billiger" prinzipiell nachvollziehen kann. Zumindest für seine erste Berechnung mit dem größeren Resultat von 5,80 € bewertet er die Fahrt zum Tanken nach Luxemburg als lohnend (ohne hierbei jedoch seine genauen Entscheidungskriterien offenzulegen).

In seiner letzten Intervention (8) – bevor er zur nächsten Schülergruppe weitergeht – reagiert der Lehrer nicht direkt auf Daniels vorherige Aussage, fordert ihn und seine Arbeitsgruppe aber auf, eine Entscheidung bezüglich des Lohnens zu treffen (womit er unter Berücksichtigung seiner beiden vorherigen Gesprächsbeiträge sehr wahrscheinlich den Fall mit 18 getankten Litern meint). Somit bezieht er sich zuletzt wieder auf den sechsten Schritt des Modellierungsprozesses, die Validierung der Resultate.

Tab. 6.1 Interventionen kodiert nach dem Kategoriensystem

Intervention	Auslöser	Ebene	Absicht
(1)	Lehreranspruch (*A3*)	Inhaltlich (*E1*), Schritt 2	Diagnose (*Ab1*)
(2)	Gesprächskette (*A8*)	Inhaltlich (*E1*), Schritt 4	Diagnose (*Ab1*), Feedback (*Ab2*)
(3)	Gesprächskette (*A8*)	Inhaltlich (*E1*), Schritt 7	Diagnose (*Ab1*)
(4)	(Potentieller) Schülerfehler (*A1*)	Inhaltlich (*E1*), Schritt 2	Hinweis (*Ab3*)
(5)	Gesprächskette (*A8*)	Inhaltlich (*E1*), Schritt 6	Hinweis (*Ab3*)
(6)	Gesprächskette (*A8*)	Inhaltlich (*E1*), Schritt 5	Hinweis (*Ab3*)
(7)	Gesprächskette (*A8*)	Inhaltlich (*E1*), Schritt 2	Feedback (*Ab2*), Hinweis (*Ab3*)
(8)	Gesprächskette (*A8*)	Inhaltlich (*E1*), Schritt 6	Hinweis (*Ab3*)

Gesamtanalyse der Konversation Das zuvor analysierte Gespräch zwischen Lehrer und Schüler dauert etwa 50 Sekunden. Insgesamt konnten acht Lehrerinterventionen und sechs Antworten des Schülers festgestellt werden. Der Redeanteil des Lehrers (123 Wörter) ist dabei mehr als drei Mal so hoch wie der des Schülers (38 Wörter). Die Beiden unterscheiden sich zudem bezüglich der Länge ihrer einzelnen Redebeiträge innerhalb der Konversation: Während der Lehrer durchschnittlich 15 Worte pro Redebeitrag verwendet, sind es bei Daniel nur durchschnittlich 6 Worte. Beide Resultate – größere(r) Anteil und Länge beim Lehrer – könnten im Zusammenhang mit dem Auslöser des gesamten Gesprächs gesehen werden: Der Lehrer beginnt das Gespräch nicht, weil der Schüler ihn zuvor angesprochen hat, sondern vielmehr aufgrund seines eigenen Anspruchs, die (schriftliche) Aufgabenlösung des Schülers zu diagnostizieren. Entsprechend gehen die meisten Stimuli im Gespräch vom Lehrer aus, während Daniel vor allem auf gestellte Fragen und gegebene Hinweise reagiert.

Ein Gesamtüberblick über die Absichten der analysierten Interventionen (siehe Tab. 6.1) legt nahe, die Konversation in eine diagnostische Phase (Interventionen (1)–(3)) und eine Hinweisphase (Interventionen (4)–(8)) aufzuteilen. Die beiden zusätzlich zu verzeichnenden Feedback-Elemente sind dabei entweder an die diagnostische oder die Hinweisabsicht in der jeweiligen Phase gekoppelt. Analysiert man die Interventionen der Hinweisphase genauer, so ist erkennbar, dass der Lehrer – abgesehen von Intervention (6) – stets indirekte oder offene Hinweise gibt, die Problematik bzw. ihre Lösung also nicht direkt benennt.

Weiterhin kann festgestellt werden, dass alle Interventionen auf der inhaltlichen Ebene stattfinden, sich aber bezüglich des Schrittes im Modellierungsprozess unterscheiden, auf den sie sich beziehen. Ein oberflächlicher Blick könnte annehmen lassen, dass der Lehrer eher ungeordnet durch den Modellierungskreislauf springt.

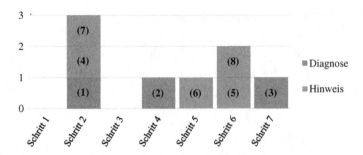

Abb. 6.1 Häufigkeiten der festgestellten inhaltlichen Interventionsebenen (inklusive Zuordnung der Interventionen (1) bis (8) zu den Schritten des Modellierungsprozesses)

Unter Berücksichtigung der beiden Phasen des Gesprächs erscheint sein Vorgehen jedoch durchaus zielgerichtet (siehe auch Abb. 6.1): In der diagnostischen Phase springt er vorwärts im Modellierungskreislauf (Schritte 2-4-7) und gewinnt so einen Überblick über die Schülerlösung. Schließlich entdeckt er das Validierungsproblem im sechsten Modellierungsschritt. Alle sich anschließenden Interventionen in der Hinweisphase beziehen sich auf dieses Problem, auch wenn sie nicht direkt im sechsten Modellierungsschritt zu verorten sind: Die Schritt-2-Interventionen beziehen sich beide auf die normative Interpretation des Begriffs „lohnen", welche Daniel erweitern muss, um die errechneten Ergebnisse angemessen validieren bzw. die Fragestellung in angemessener Weise beantworten zu können. Die Schritt-5-Interventionen eröffnet eine Möglichkeit, den nicht validierten Teil der Lösung anzupassen, um Daniels enggeführte Interpretation von „lohnen" transparent zu machen. Schließlich versucht der Lehrer mithilfe der Schritt-6-Interventionen Validierungsüberlegungen anzuregen und bezieht sich somit direkt auf den Modellierungsschritt, in welchem er das Schülerproblem diagnostiziert hat.

Schülerreaktion auf die Lehrerinterventionen Letztlich hat die Konversation nicht den Effekt, der offenbar vom Lehrer intendiert war. Nachdem dieser zur nächsten Schülergruppe weitergeht, scheint Daniel die Hinweise aus den Interventionen (7) und (8) vollständig zu ignorieren: Weder überarbeitet er sein zugrunde liegendes Realmodell zur Re-Interpretation des Begriffs „lohnen" noch trifft er eine Entscheidung, ob die Fahrt bei 18 getankten Litern lohnt oder nicht. Seine einzige Reaktion ist, dass er seiner Lösung zwei kurze Notizen anfügt: An die Lösung für 40 Liter schreibt er die Worte „Lohnt es sich", an die Lösung für 18 Liter schreibt er „Ist billiger" (siehe unten die von Daniel adaptierte Schülerlösung nach der Interventionssituation). Da die Gruppenarbeitsphase der Unterrichtsstunde einige Minuten später endet, bietet sich dem Lehrer nicht einmal mehr die Gelegenheit dies zu diagnostizieren.

> (Lohnt es sich)
> ↘
> Wenn Frau Stein nach Luxemburg fährt, spart
> sie 5,80 €, wenn sie 40 Liter tankt.
> (Ist billiger)
> ↘
> Sie muss mind. 18 Liter tanken, damit sich
> die Fahrt nach Luxemburg lohnt.

Adaptierte Schülerlösung von Daniel nach der Interventionssituation (nachgestellt)

Betrachtung der Adaptivität des Lehrerhandelns Der oben analysierte Fall stellt ein gutes Beispiel dar, um die Komplexität des Konstrukts „Adaptivität" zu illustrieren.

Betrachtet man allein die Analyseergebnisse der Interventionskategorien, so könnte man den Eindruck gewinnen, dass die Lehrerinterventionen insofern (zu einem gewissen Grad) adaptiv sind, als der Lehrer sein Handeln auf die vorliegenden Bedingungen und die Entwicklung der konkreten Problemsituation anpasst. Beispielsweise diagnostiziert er genau so lange, bis Daniels Problem erkennbar ist und versucht dem Schüler dann durch minimale Unterstützung das Problem überwinden zu helfen. An keiner Stelle der Konversation gibt er dabei direkte Hinweise, wie die 18-Liter-Lösung so angepasst werden kann, dass eine zufriedenstellende Lösung des Problems erzielt werden kann.[4] Insbesondere wird nicht benannt, welche Aspekte konkret mit in die Interpretation des „lohnen"-Begriffs und einen damit verbundenen erneuten Durchlauf des Modellierungskreislaufs einbezogen werden können, sodass der Schüler hierzu eigenständig Ideen entwickeln kann. Weiterhin können alle Interventionen, die nach der Diagnose des Problems getätigt werden, sinnvollerweise mit dem Schritt im Modellierungsprozess verbunden werden, in welchem der Schülerfehler aufgetreten ist. Ein weiterer Indikator für die Intention des Lehrers in einer selbstständigkeitserhaltenden Weise zu intervenieren ist sein Verhalten zum Ende der Konversation: Mit (8) gibt er einen letzten offenen Impuls und geht dann weiter zur nächsten Schülergruppe, ohne eine weitere Reaktion des Schülers abzuwarten.

Allerdings erscheinen nicht alle Aspekte seines Interventionsverhaltens adaptiv in Bezug auf den Schüler, wie insbesondere in den Interventionen (5) bis (7) auffällt. In diesem Teil des Gesprächs gibt er Daniel kaum die Möglichkeit zu reagieren. Stattdessen fährt er direkt mit weiteren Interventionen fort und unterbricht den Schüler sogar an einer Stelle. Somit nimmt er sich selbst die Möglichkeit, die Wirkung seiner Intervention zu diagnostizieren. In Bezug auf eine möglichst selbstständige Problemüberwindung durch den Schüler erscheint es zudem problematisch, dass der Lehrer ausschließlich auf der inhaltlichen

---

[4] Der einzige direkte Hinweis ist der Vorschlag, Daniels enggeführte Interpretation von „lohnend" mithilfe des Begriffs „billiger" zu bezeichnen.

Ebene und niemals auf der strategischen Ebene interveniert. Betrachtet man beispielsweise Intervention (5), so wird der Schüler auf inhaltlicher Ebene durch die Reduktion von 30 Cent auf einen Cent relativ unmittelbar auf ein mögliches Problem bei der Beurteilung seines ermittelten Resultats gestoßen. Eine strategische Intervention, die z. B. thematisiert, dass es wichtig ist, seine Resultate stets danach zu überprüfen, ob sie tatsächlich zur adäquaten Beantwortung der realen Problemstellung geeignet sind, hätte Daniel nicht nur die Möglichkeit gegeben, seine Hürde selbstständiger zu erkennen. Sie hätte zudem eine allgemeine Strategie zum Validierungsschritt bereitgestellt, die dem Schüler auch bei der Bearbeitung weiterer Modellierungsaufgaben von Nutzen sein könnte.

Der Gesamteindruck nach Betrachtung der Konversation ist dennoch, dass der Lehrer in einer Weise interveniert hat, die zumindest teilweise der Definition adaptiver Lehrerinterventionen – wie in Abschn. 2.3 angeführt – entspricht, zumindest sind diesbezügliche Absichten des Lehrers erkennbar. So agiert er auf der Basis einer detaillierten Diagnose und versucht in einer Weise zu intervenieren, die dem Schüler ermöglichen soll, selbstständig im Lösungsprozess fortzufahren. Betrachtet man jedoch die Wirkung auf das Handeln des Schülers nach der Konversation, so stellt man fest, dass das Interventionsverhalten des Lehrers nur bedingt zum gewünschten Ergebnis geführt hat und folglich die Interventionen nicht optimal auf die vorliegenden situationalen Bedingungen angepasst waren. Vielmehr scheint es, als hätte der Schüler – eventuell, da er dies so gewohnt ist – direktere Hinweise für die Fortführung der Aufgabenbearbeitung benötigt, als der Lehrer in der untersuchten Situation tatsächlich bereitgestellt hat. So lässt der Lehrer beispielsweise nicht nur offen, welche Aspekte mit in die Interpretation des „lohnen"-Begriffs miteinbezogen werden können, er erwähnt – wahrscheinlich im Sinne einer möglichst zurückhaltenden Unterstützung – auch nicht, dass hierfür überhaupt Aspekte herangezogen werden können bzw. sollten.[5]

Letztlich scheint adaptives Intervenieren vor allem von den Vorbedingungen des betroffenen Schülers sowie von dessen Verhalten innerhalb der Situation abhängig zu sein. Das analysierte Beispiel verdeutlicht in diesem Zusammenhang, dass adaptive Interventionen nicht per se zurückhaltend bzw. minimal sein müssen, aber minimal in einer Weise, dass der Schüler mit seinen individuellen Lernvoraussetzungen den Lernprozess sowohl selbstständig als auch effektiv weiterführen kann.

6.1.2 Zweites Fallbeispiel

Im folgenden Fallbeispiel sieht sich der agierende Lehrer nicht nur mit einem inhaltlichen Problem eines Schülers konfrontiert, sondern versucht parallel auf die unproduktive Arbeitsatmosphäre innerhalb dessen Gruppe zu reagieren. Bei der Überwindung

---

[5] Dass Daniel ausgehend von einem derartigen Lehrerimpuls durchaus in der Lage sein könnte, Kriterien zu benennen, die zur Bewertung der Fahrt als lohnend bzw. nicht lohnend führen können, zeigt seine schnelle Einschätzung der Ersparnis 1 Cent als nicht lohnend sowie 5,80 € als lohnend.

der inhaltlichen Hürde fällt insbesondere das unterschiedlich zu charakterisierende (und bezüglich seiner Adaptivität zu bewertende) Interventionsverhalten in den Phasen der Diagnose und Unterstützung auf. In Bezug auf das gruppenbezogene Interventionsverhalten kann das Beispiel zudem verdeutlichen, wie ein Verhaltensmuster des Lehrers eher zur Verstärkung als zur Behebung der gruppeninternen Problematik beitragen kann.

Beschreibung der Problemsituation Das im nächsten Absatz geschilderte Problem zeigte sich während der Strategiestudie, als der Schüler Ahmet den Lehrer zu sich rief, um ihm seine fertige Lösung zu präsentieren. Einige Minuten zuvor hatte bereits ein Gespräch zwischen Lehrer und Schüler stattgefunden, in welchem Ahmet angab, ermittelt zu haben, dass sich das Tanken in Luxemburg ab einem Tankvolumen von 80 Litern lohnt. Da der Lösungsweg dies jedoch nicht klar erkennen ließ, forderte der Lehrer ihn auf, diesen übersichtlich zu notieren. Das nachfolgend analysierte Gespräch stellt nun die erste Konfrontation des Lehrers mit der vollständigen Schülerlösung dar. Weil innerhalb der Arbeitsgruppe bis zu diesem Zeitpunkt nur ein sehr begrenzter Austausch über die individuellen Lösungsansätze stattgefunden hat,[6] fordert der Lehrer Ahmet auf, den Mitschülern seine Lösung zu erläutern. Dabei fällt auf – wie auch in seiner später verworfenen schriftlichen Schülerlösung zu diesem Zeitpunkt ersichtlich (siehe die nachgestellte Schülerlösung unten) –, dass Ahmet in seinen Berechnungen offenbar nur die Fahrtkosten für die Strecke nach Luxemburg, nicht aber für den Rückweg berücksichtigt hat.

Schülerlösung von Ahmet vor der Interventionssituation (nachgestellt)

Spezifikation des Problems Dass Ahmet nur die 20 Kilometer Fahrtstrecke nach Luxemburg statt der benötigten 40 Kilometer für den Hin- und Rückweg in seiner Rechnung

---

[6] Dies hängt u. a. damit zusammen, dass Ahmet in seiner Gruppe – wie im gesamten Intragruppenverhalten während des Unterrichts erkennbar ist – die Rolle eines Außenseiters innehat, sodass mit ihm in der Regel keine Kommunikation stattfindet. Zudem scheinen seine Mitschüler nicht motiviert, sich selbst mit der Aufgabe zu beschäftigen und haben deshalb nur sehr fragmentarisch Lösungsideen notiert.

berücksichtigt, weist darauf hin, dass ein fehlerhaftes Situationsmodell zugrunde liegt. Seine Berechnungen zeigen zwar, dass er die 20 Kilometer als relevante Größe identifizieren konnte, aus der Situationsbeschreibung im Aufgabentext ist für ihn jedoch offenbar nicht unmittelbar hervorgegangen, dass mit dieser Entfernung – da Frau Stein in Trier wohnt und folglich irgendwann dorthin zurückkehren muss – sowohl für den Hin- als auch für den Rückweg ein Kraftstoffverbrauch des Golfs inklusive der zugehörigen Kosten verbunden ist. Entsprechend findet sein Fehler beim Verstehen der Situation bzw. bei der Konstruktion eines adäquaten Situationsmodells statt und ist deshalb im ersten Schritt des Modellierungsprozesses zu verorten.

Lehrerdiagnose des vorliegenden Problems Ahmet meldet sich und ruft den Lehrer, der sich gerade an einer anderen Stelle im Klassenraum befindet, zu sich:

Ahmet:	Hier, Herr B.!
Lehrer:	Ja?
Ahmet:	Ich hab die Lösung raus. 18,95 spart sie.
Karina:	Ja, dann konntest du uns ja das vorstellen, wie du das gemacht hast, ne? (*grinst*)
Lehrer:	Ja. Hast du das den Anderen jetzt erklärt, wie du darauf kommst? (1)
Karina:	Nein, hat er nicht.

Die erste mit dem Problem verbundene Lehrerintervention (1) wird durch eine *an den Lehrer gerichtete Schülerfrage (A7)* ausgelöst.[7] Zwar äußert Ahmet keine konkrete Frage, jedoch ist davon auszugehen, dass er den Lehrer anspricht, um eine Kontrolle bzw. Bestätigung seiner bisherigen Vorgehensweise zu erhalten. Schüleranliegen dieser Art wurden ebenfalls der Kategorie Schülerfrage zugeordnet. Neben Ahmets Anliegen wird die Reaktion des Lehrers zudem beeinflusst durch eine Aussage von Ahmets Gruppenmitglied Karina, die ihn darauf hinweist, dass Ahmet seine Lösung nicht in der Gruppe kommuniziert hat. Bei der Lehrerintervention handelt es sich um eine *diagnostische Frage (Ab1)*, die sich auf die gruppeninterne Kommunikation der erstellten Lösung bezieht und deshalb der *organisatorischen Ebene (E4)* zuzuordnen ist. Die Verneinung der Frage durch Karina führt zu einer entsprechenden Aufforderung durch den Lehrer:

Lehrer:	Dann erklär das denen mal und ich höre zu. (2)
Ahmet:	Also, ich hab einfach angenommen, dass sie 80 Liter tankt. Geht ja gar nicht, ist ja zu viel. Egal. Und da hab ich für – sie müsste ja – also wenn sie in Luxemburg tankt (*zeigt auf Schülerlösung*), müsste sie ja 20 Kilometer zusätzlich fahren. Wenn man bei 100 Kilometer vielleicht – wenn man bei 100 Kilometer 5 Liter verbraucht…

---

[7] Für einen Überblick über alle vergebenen Codes siehe Tab. 6.2 auf Seite 88.

Intervention (2) bezieht sich ebenfalls auf die Erläuterung des Lösungswegs für die übrigen Gruppenmitglieder und ist deshalb erneut der *organisatorischen Ebene (E4)* zuzuordnen. Dabei wird nicht nur durch die klare Handlungsanweisung ein *direkter Hinweis (Ab3)* zum weiteren Vorgehen gegeben, vor allem ist davon auszugehen, dass der Lehrer die mündliche Erläuterung Ahmets anregt, um den Lösungsprozess *diagnostizieren (Ab1)* zu können.

Die darauf folgenden Ausführungen Ahmets enthalten einen Hinweis auf die alleinige Berücksichtigung des Hinwegs nach Luxemburg und offenbaren so einen *(potentiellen) Schülerfehler (A1)*, der zugleich den Auslöser für den sich anschließenden Gesprächsabschnitt darstellt. Anhand des Transkripts ist nicht genau auszumachen, ob der Lehrer bereits an dieser Stelle auf ein potentielles Problem aufmerksam wird oder – alternativ zur hier gewählten Kodierung – erst während Ahmets Gesprächsbeitrag vor Intervention (5).

Lehrer:	Wie viel hast du gesagt?	
Ahmet:	5 Liter.	
Lehrer:	Hast du das irgendwo hingeschrieben (*zeigt in Richtung der Schülerlösung*), dass man das erkennen kann?	(3)
Ahmet:	Nicht so deutlich. Ich hab das falsch gemacht, wollte ich hier so machen (*zeigt auf Schülerlösung*).	
Lehrer:	Ja. Gut. Also du sagst 5 Liter auf 100 Kilometer... (*hebt die Stimme*)	(4)
Ahmet:	Beim Autofahren... (*2 Sekunden unverständlich*). Also geteilt durch 5. 5 geteilt durch 5 ist 1. Ja, dann verbraucht sie für 20 Kilometer einen Liter. Und da hab ich halt gerechnet. 80 Liter muss sie, wenn sie nach Luxemburg will (*zeigt auf Aufgabentext*), hab ich einen Liter dazugerechnet. Weil da verbraucht sie ja einen Liter mehr. Die 20 Kilometer ergeben doch einen Liter. Da hab ich halt 81 Liter mal (*nimmt den Taschenrechner zur Hilfe*) – da kostet das ja 1,05 € – 85,05. Bei Trier hab ich nur 80. Mal 1,3. Hab ich so verglichen und da kommt mehr raus.	

Da die erste Lehreraussage dieses Abschnitts auf akustische Verständnisprobleme zurückzuführen ist, stellt sie keine Intervention und damit keine zu kodierende Einheit dar. In Intervention (3) erfragt der Lehrer nun, ob die von Ahmet getroffene Annahme bezüglich des Kraftstoffverbrauchs in seiner schriftlichen Schülerlösung erkennbar ist. Es handelt sich dabei um eine *diagnostische Frage (Ab1)*, die sich auf die *inhaltliche Ebene (E1)* bezieht, indem sie die Darstellung des Lösungswegs inklusive der getroffenen Grundannahmen und damit den letzten Schritt des Modellierungsprozesses anspricht.

Als Ahmet die Frage verneint und den Lehrer auf einen Teil seiner schriftlichen Schülerlösung aufmerksam machen möchte, schließt dieser, statt die Lösung zu betrachten, direkt Intervention (4) an: Indem er den letzten Aspekt aus Ahmets Erläuterung noch einmal wiederholt und am Satzende seine Stimmte hebt, signalisiert er dem Schüler, in seiner mündlichen Erklärung fortzufahren. Indem er dabei

Ahmets Annahme bezüglich des Kraftstoffverbrauchs nennt, bezieht er sich auf der *inhaltlichen Ebene (E1)* auf die Bildung des Realmodells, also den zweiten Schritt im Modellierungsprozess. Wie bereits in (2) ist durch die Anregung zur mündlichen Erläuterung von einer *diagnostischen Absicht (Ab1)* auszugehen. Das Diagnoseverhalten des Lehrers ist hier also nicht durch kleinschrittige Detailfragen geprägt, vielmehr regt er Ahmet in (2) wie auch in (4) zu einer freien Darstellung seines Lösungswegs an, sodass die Diagnose weitgehend durch die bloße Rezeption der verbalen Schüleräußerungen erfolgen kann.

Die sich an die beschriebene Lehrerintervention anschließende, sehr ausführliche Schilderung Ahmets offenbart seinen Fehler im Detail. Es ist nicht nur erkennbar, dass er den Verbrauch für eine zu geringe Kilometerzahl ermittelt, sondern auch, wie sich dies auf die ansonsten korrekte Mathematisierung der Gesamtkosten sowie das mathematische Resultat auswirkt.

Lehrerreaktion auf das diagnostizierte Problem Ausgehend von der genauen Verortung des Problems kann der Lehrer nun gezielt intervenieren:

Lehrer:	Ja. Ähm – verweise ich hier auf dieses „Konkret Vorstellen" (*zeigt auf Lösungsplan*). Diese Frau Stein setzt sich ins Auto und fährt nach Luxemburg. So. Und dann, was passiert dann?	(5)
Eda:	Dann tankt sie.	
Ahmet:	Ja, dabei verbraucht sie einen Liter.	
Lehrer:	Ja. Und dann – <u>aber</u> dann. Was ist dann, wenn sie in Luxemburg ist?	(6)
Ahmet:	Stimmt, sie muss ja tanken und zurückfahren. Also 2 Liter.	
Lehrer:	Also – ihr müsst dann ausrechnen, für wie viel Kilometer. Den Spritverbrauch für wie viel Kilometer?	(7)
Ahmet:	Ja, 40 Kilometer.	
Lehrer:	Genau. Haben das alle mitgekriegt (*zeigt auf die unterschiedlichen Gruppenmitglieder*)?	(8)
Eda:	Ja.	

In (5) nutzt der Lehrer den Lösungsplan als Interventionsinstrument, um Ahmet einen indirekten *Hinweis (Ab3)* zu geben. Er verweist auf den ersten Schritt des Lösungsplans, speziell auf den strategischen Hinweis „Stell dir die Situation konkret vor" (siehe Abb. 3.6), und macht diesen Lösungsplanbezug durch das Zeigen mit dem Finger auf die entsprechende Stelle in Ahmets Lösungsplan explizit. Durch den ergänzenden Hinweis auf die konkrete Realsituation der Aufgabe „Tanken" kann hier insgesamt ein *inhaltlich-strategischer Hinweis mit explizitem Bezug zum Lösungsplan (AL3)* festgestellt werden. Dabei bezieht sich die Intervention auf der *inhaltlichen Ebene (E1)* auf das Situationsmodell zur Aufgabensituation und somit auf den ersten Schritt des Modellierungsprozesses. Folglich wird durch die Intervention genau der Schritt angesprochen, in dem auch der Schülerfehler zu verorten ist.

Mithilfe von Intervention (6) konkretisiert der Lehrer seinen Hinweis aus (5), indem er die Situation, die es sich vorzustellen gilt, so eingrenzt, dass die Schüler nur noch einen weiteren gedanklichen Schritt vollziehen müssen. Ebene und Absicht der Intervention bleiben verglichen mit Intervention (5) unverändert.

Nachdem Ahmets Antwort vermuten lässt, dass er die Rückfahrt als relevanten Faktor identifiziert hat, findet in (7) – erneut auf der *inhaltlichen Ebene* (E1) – wieder der Wechsel zum zweiten Schritt des Modellierungsprozesses statt. Um eine Korrektur des vorliegenden Lösungswegs anzuregen, gibt der Lehrer zunächst den direkten *Hinweis* (Ab3), dass die Anzahl der Kilometer in die spätere Rechnung einfließen müssen, und schließt direkt eine *diagnostische Frage* (Ab1) an, um sicherzustellen, dass die korrekte Kilometerzahl zugrunde gelegt wird.

Ahmets Reaktionen nach (6) und (7) zeigen auf, dass er seinen Fehler erkannt hat und seine Lösung entsprechend korrigieren kann. Mit der abschließenden Intervention (8) gibt der Lehrer ihm zunächst ein positives *Feedback* (Ab2) und wendet sich dann nacheinander an die gesamte Gruppe, um zu erfragen, ob auch die übrigen Mitglieder dem Gesagten folgen konnten. Diese *diagnostische Frage* (Ab1) scheint intendiert, um zu erfahren, ob alle Gruppenmitglieder die Korrektur des fehlerhaften Situationsmodell-Aspekts verstanden haben, sodass der Bearbeitungsprozess anschließend reibungslos weiter verlaufen kann, und wird deshalb als *inhaltliche Intervention* (E1) bezüglich des ersten Modellierungsschritts verstanden.

Zwar setzt sich die Konversation zwischen dem Lehrer und Ahmet nach der geschilderten Problemlösung noch etwa eineinhalb Minuten fort, dieser folgende Gesprächsabschnitt bezieht sich jedoch auf einen anderen Aspekt von Ahmets Lösung und basiert zudem auf einem irrtümlich vom Lehrer angenommen Problem und soll daher an dieser Stelle nicht näher besprochen werden.

Gesamtanalyse der Konversation Der analysierte Gesprächsabschnitt dauert etwa 140 Sekunden. Dabei sind insgesamt acht Interventionen des Lehrers und neun Gesprächsbeiträge Ahmets zu verzeichnen. Der Redeanteil des Lehrers beläuft sich auf insgesamt 106 Wörter und der Ahmets auf 186 Wörter. Alle Schülerbeiträge seiner Arbeitsgruppe zusammen ergeben 208 Wörter. Allein die beiden Gesprächsbeiträge, in denen Ahmet sein Lösungsvorgehen erläutert, machen 141 Wörter aus, sodass eine genaue Problemverortung durch den Lehrer stattfinden kann, ohne detaillierte diagnostische Fragen stellen zu müssen.

Während im ersten untersuchten Fallbeispiel in Abschn. 6.1.1 ausschließlich inhaltliche Interventionen festzustellen waren, enthält die Konversation zwischen dem Lehrer und Ahmet bzw. seiner Gruppe Interventionen auf der inhaltlichen wie auf der organisatorischen Ebene (siehe Tab. 6.2). Die organisatorischen

Tab. 6.2 Interventionen kodiert nach dem Kategoriensystem

Intervention	Auslöser	Ebene	Absicht	Anwendung Lösungsplan
(1)	Schülerfrage an Lehrer (A7)	Organisatorisch (E4)	Diagnose (Ab1)	keine (AL5)
(2)	Gesprächskette (A8)	Organisatorisch (E4)	Diagnose (Ab1), Hinweis (Ab3)	keine (AL5)
(3)	(Potentieller) Schülerfehler (A1)	Inhaltlich (E1), Schritt 7	Diagnose (Ab1)	keine (AL5)
(4)	Gesprächskette (A8)	Inhaltlich (E1), Schritt 2	Diagnose (Ab1)	keine (AL5)
(5)	Gesprächskette (A8)	Inhaltlich (E1), Schritt 1	Hinweis (Ab3)	Inhaltlich-strategisch, explizit (AL3)
(6)	Gesprächskette (A8)	Inhaltlich (E1), Schritt 1	Hinweis (Ab3)	keine (AL5)
(7)	Gesprächskette (A8)	Inhaltlich (E1), Schritt 2	Diagnose (Ab1), Hinweis (Ab3)	keine (AL5)
(8)	Gesprächskette (A8)	Inhaltlich (E1), Schritt 1	Diagnose (Ab1), Feedback (Ab2)	keine (AL5)

Interventionen beziehen sich dabei auf das Intragruppengeschehen, was damit zusammenhängen könnte, dass sich im vorangegangenen Unterricht bereits zeigte, dass innerhalb der Gruppe nahezu keine Kooperation oder lösungsprozessbezogene Kommunikation stattfand.

Anhand des beobachteten Interventionsverhaltens des Lehrers lässt sich das Gespräch in zwei große Teilabschnitte untergliedern, einen eher diagnostischen und einen eher unterstützenden Abschnitt.

Der erste Abschnitt erstreckt sich dabei bis zu der Stelle, an der Ahmet nach Intervention (4) mit seinem zweiten längeren Redebeitrag die Erläuterung seines Lösungswegs abschließt. Spätestens zu diesem Zeitpunkt kann davon ausgegangen werden, dass der bei Ahmet vorliegende Fehler vom Lehrer diagnostiziert und verortet wurde. Der Abschnitt ist gekennzeichnet durch ein recht zurückhaltendes Interventionsverhalten des Lehrers, bei welchem Ahmet durch vorwiegend offene Impulse zur Darstellung seines Lösungswegs angeregt wird. Die Fehlerdiagnose findet dabei ausschließlich durch die Rezeption der verbalen Schüleräußerungen statt. Dies schlägt sich vor allem im Redeanteil nieder, welcher in diesem Abschnitt nur zu ca. 20 % beim Lehrer (47 von 232 Wörtern) im Vergleich zu ca. 80 % bei den Schülern (185 von 232 Wörtern) liegt.

Tab. 6.3 Spezifisches Lehrerverhalten in den Abschnitten der Prozessdiagnose und Prozessunterstützung

	Prozessdiagnose	Prozessunterstützung
Gesamtintention	Diagnose	Hinweisgebung
Vorgehensweise	Rezeption der verbalen Schüleräußerungen	Klärung spezifischer Aspekte des Modellierungsprozesses
Redeanteil	gering (ca. 20 %)	hoch (ca. 70 %)
Grad der Lenkung	eher gering	eher hoch

Im zweiten Abschnitt der Konversation ab Intervention (5), also nach erfolgter Verortung des Fehlers, wandelt sich der Charakter des Interventionsverhaltens. Da die Problemstelle genau identifiziert werden konnte, greift der Lehrer gezielt mithilfe einer lösungsplanbezogenen Intervention ein. Von nun an ist das Vorgehen insgesamt deutlich kleinschrittiger als im ersten Abschnitt, auch der Redeanteil des Lehrers steigt in diesem Abschnitt auf etwa 72 % (59 von 92 Wörtern) an. Mithilfe gezielter Impulse, sich gewisse Aspekte der Realsituation konkret vorzustellen, stellt er dabei sicher, dass der zuvor nicht berücksichtigte Aspekt sowie die damit verbundene Konsequenz für die anzustellenden Berechnungen erkannt werden. Durch das kleinschrittige Eingreifen erscheint das Interventionsverhalten in diesem Abschnitt stärker regulierend und lenkend als im ersten Abschnitt, welcher ja durch eine eher offene Impulsgebung geprägt war.

Die aufgeführten Charakteristika des Lehrerverhaltens in beiden Gesprächsabschnitten sind in Tab. 6.3 gegenüberstellend zusammengefasst.

Schülerreaktion auf die Lehrerinterventionen Bereits während des Gesprächs hat Ahmet gezeigt, dass er seinen Fehler erkannt hat und diesen gezielt korrigieren kann. Nach Beendigung des Gesprächs mit dem Lehrer nimmt er die entsprechende Korrektur vor. Er streicht dazu seinen ersten Lösungsweg vollständig durch und schreibt diesen in geordneter Form neu auf, wobei er nun den Kraftstoffverbrauch für den gesamten Hin- und Rückweg errechnet. Diesen addiert er zum angenommen Tankvolumen hinzu und ermittelt schließlich die korrekten Werte für 80 zu tankende Liter in Trier und 82 zu tankende Liter in Luxemburg. Die vom Lehrer angeregte Lösungskorrektur wird also vollständig von Ahmet umgesetzt.

Dabei arbeitet Ahmet allein, es findet erneut keine Kooperation innerhalb der Gruppe statt. Die drei übrigen Schüler übernehmen seine neue Lösung lediglich – inklusive aller Nebenrechnungen und korrigierten Irrwege – in ihre Arbeitsmappe, wie die Gegenüberstellung von Ahmets und Edas Lösung hier beispielhaft aufzeigen soll:

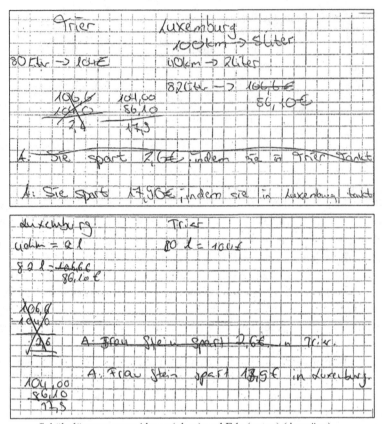

Schülerlösungen von Ahmet (oben) und Eda (unten) (Auszüge)

So erkennt man im Vergleich der Schülerlösungen etwa, dass sich nicht nur die Gesamtstruktur beider Lösungen ähnelt, sondern dass auch die Nebenrechnung, bei der fälschlicherweise für Luxemburg zunächst ein Kraftstoffpreis von 1,30 € eingesetzt wurde, inklusive der späteren Durchstreichung und Korrektur identisch ist.

Betrachtung der Adaptivität des Lehrerhandelns Inwiefern das beschriebene Lehrerverhalten als adaptiv zu beurteilen ist, soll an dieser Stelle sowohl bezüglich der konkret auf Ahmets Lösungsprozess bezogenen Interventionen als auch bezüglich der Interventionen, welche sich auf die Regulation des Intragruppenverhaltens beziehen, betrachtet werden.

Fokussiert man zunächst auf die Interventionen, die inhaltlich Ahmets Lösung betreffen, so erscheint eine Orientierung an den beiden oben skizzierten Phasen der Prozessdiagnose und Prozessunterstützung sinnvoll, da diese sich bezüglich des Grades des Eingreifens bzw. der Lenkung des Prozesses durch den Lehrer deutlich unterscheiden. Die zurückhaltende Impulsgebung in der Prozessdiagnosephase erscheint dabei geeignet, um Ahmets Vorgehen und schließlich seinen Fehler bei der Bildung des

Situationsmodells zu diagnostizieren, ohne dabei zu stark in die Darstellung einzugreifen. Durch seine offenen Impulse, die Ahmet zur verbalen Lösungsdarstellung anregen sollen, verbindet er zudem einerseits die Möglichkeit zur Diagnose und andererseits die Kommunikation von Ahmets Lösung innerhalb der Gruppe.

In der Prozessunterstützungsphase, also nach der Verortung von Ahmets Problem, verändert sich die Art und Weise des Intervenierens wie oben in der Gesamtanalyse dargestellt. Die Adaptivität der getätigten Interventionen, also deren Anpassung an die situationalen Bedingungen von Ahmet in einer Form, dass dieser maximal selbstständig weiterarbeiten kann, kann hier aufgrund der festgestellten Kleinschrittigkeit der Unterstützung in Frage gestellt werden. Zwar erscheint es angemessen, dem Schüler denjenigen Aspekt der Realsituation, welchen er bei der Bildung des Situationsmodells außer Acht gelassen hat, vor Augen zu führen. Zudem ist der Hinweis über den Lösungsplan-Inhalt „Sich die Situation konkret vorstellen" prinzipiell geeignet Ahmet eine eigenständige Reflexion und Modellkorrektur zu ermöglichen. Jedoch grenzt der Lehrer dabei, statt eines offeneren Hinweises, die vorzustellende Situation relativ stark ein, sodass der Schüler nur noch einen einzigen Gedankenschritt eigenständig vollziehen muss. Zudem zeigt die auf Intervention (6) folgende Reaktion des Schülers deutlich, dass dieser seinen Fehler erkannt hat. Hier hätte es, anders als tatsächlich in Intervention (7) geschehen, ihm überlassen werden können, die nötigen Schlüsse bezüglich der folgenden Modellierungsschritte zu ziehen – zumal Ahmet mit seiner Antwort, in der er den Kraftstoffverbrauch schon an die 40 Kilometer angepasst hat, bereits gezeigt hat, dass er dazu fähig ist. Entsprechend ist das Interventionsverhalten an diesem Punkt des Gesprächs nicht adaptiv an die Reaktionen des Schülers und die daraus abzuleitende erwartbare Lösungskorrektur angepasst.

Betrachtet man weiterhin die an die Gruppe gerichteten Interventionen (1), (2) und (8), welche den Rahmen des analysierten Gesprächsabschnitts bilden, so scheinen diese in gewisser Weise an die spezielle Problematik der Gruppe, dass dort kaum miteinander kooperiert und kommuniziert wird, angepasst zu sein: Das Intragruppenverhalten stellte sich für den Lehrer bereits in vorherigen Phasen der Aufgabenbearbeitung als problematisch heraus, sodass der im analysierten Gesprächsabschnitt beobachtete Versuch, alle Schüler mit in das Gespräch einzubeziehen, als spezifische Reaktion auf die zuvor diagnostizierte Problematik interpretiert werden kann. Dass der Lehrer die Kommunikation von Ahmets Lösung innerhalb der Gruppe fördern möchte, fällt dabei nicht nur während der ersten beiden Interventionen auf, die diesen Aspekt explizit thematisieren, sondern insbesondere auch während des Gesprächs mit Ahmet. Nach der mündlichen Darlegung des ersten Teils seiner Lösung möchte Ahmet den Lehrer durch die Aussage „wollte ich hier so machen" und das gleichzeitige Zeigen auf sein Lösungsblatt auch auf seine schriftliche Lösung aufmerksam machen. Der Lehrer reagiert an dieser Stelle jedoch mit Intervention (4), in welcher er den Schüler, statt die schriftliche Lösung zu betrachten, zur Fortführung seiner mündlichen Darstellung anregt. Auch wenn die weitere Konversation vor allem zwischen Ahmet und dem Lehrer stattfindet, so versucht dieser doch, durch die abschließende Intervention (8) erneut die übrigen Gruppenmitglieder einzubeziehen, indem er erfragt, ob alle dem Gesagten folgen konnten. Betrachtet man die Intervention allerdings genauer, so erkennt man, dass der Lehrer hier nur eine diagnostische Frage auf der inhaltlichen Ebene stellt, statt – angepasst an die problematische Gruppensituation – einen konkreten Impuls für das weitere Zusammenarbeiten der Gruppe zu geben.

Dass trotz des Einbezugs aller Gruppenmitglieder innerhalb der Gruppe keine befriedigenden (individuellen) Lösungsansätze entstehen, könnte zudem mit der Tatsache zusammenhängen, dass der Lehrer im gesamten Unterricht nicht nur deutlich häufiger mit Ahmet als mit den übrigen Gruppenmitgliedern kommuniziert, sondern auch während der Kommunikation mit der gesamten Gruppe fast immer bei Ahmet steht und dessen schriftliche Lösung betrachtet. Die Konzentration auf einen derartigen „Hauptansprechpartner" der Gruppe, die auch in anderen Gruppen festgestellt werden konnte (siehe hierzu Abschn. 6.2.1), führt in diesem Fall dazu, dass die übrigen drei Schüler sich nahezu gar nicht mit der Aufgabe auseinandersetzen. Sie schenken dem Lehrer zwar Aufmerksamkeit, wenn dieser bei der Gruppe steht und interveniert, in der übrigen Zeit übernehmen sie aber lediglich Ahmets Lösung oder beschäftigen sich fachfremd. Die hier vorgefundene Gruppenproblematik – dass ein Schüler die Arbeit übernimmt, während die übrigen sich zurücklehnen – stellt ein typisches Problem kooperativer Arbeitsphasen dar (Webb 2009, S. 5). Insgesamt verstärkt das vom Lehrer gezeigte Verhaltensmuster – seine stark auf einen „Hauptansprechpartner" ausgerichtete Kommunikation – diese Problematik und verhindert insbesondere ein adaptives Eingehen auf die Bedürfnisse aller Gruppenmitglieder. Einen Überblick über die in der Gruppe entstandenen Lösungen verschafft sich der Lehrer schließlich erst, nachdem Ahmets Lösung bereits von allen Gruppenmitgliedern übernommen wurde.

6.1.3 Drittes Fallbeispiel

Während sich in den beiden vorangegangenen Fallbeispielen herausstellte, dass das Lehrerhandeln nicht immer optimal auf die vorliegenden situationalen Bedingungen angepasst war, zeigt die Lehrerin im folgenden Fallbeispiel ein Interventionsverhalten, das die Schüler ausgehend von ihren spezifischen Lernvoraussetzungen minimal so unterstützt, dass diese ihr vorliegendes Problem selbstständig überwinden können, und das deshalb entsprechend der in Abschn. 2.3 verwendeten Definition als adaptiv bezeichnet werden kann.

Beschreibung der Problemsituation Das nachfolgend geschilderte Problem trat im Unterricht von Lehrerin 3 gleich in zwei unterschiedlichen Schülergruppen (Gruppen 5 und 2 in dieser Reihenfolge) auf. In beiden Gruppen herrschte nach dem Lesen der Aufgabenstellung bei einzelnen Schülern Unsicherheit bezüglich der Entfernung zwischen Trier, der Grenze zu Luxemburg und der Tankstelle. So konnten die Schüler anhand der in der Aufgabenstellung verwendeten Formulierung „*wo sich direkt hinter der 20 Kilometer weit entfernten Grenze eine Tankstelle befindet*" keine Aussage darüber treffen, wo sich die Grenze im Verhältnis zu Trier und zur Tankstelle befindet, oder sie schlossen fälschlicherweise, dass die Tankstelle 20 Kilometer weit von der Grenze entfernt ist. Die Unsicherheit zeigt sich nicht nur in verschiedenen mündlichen Schüleräußerungen – siehe hierzu die in den nächsten Abschnitten dargestellten Transkriptausschnitte –, sondern auch in von den Schülern verworfenen Versuchen, die beschriebene Aufgabensituation in ihrer gemeinsam erstellten schriftlichen Gruppenlösung zu skizzieren:

Verworfene Skizzen der Gruppe 5 *(links)* und der Gruppe 2 *(rechts)*

Gruppe 2 hat zusätzlich eine diesbezügliche Frage schriftlich notiert:

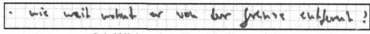

Schriftlich notierte Frage in Gruppe 2

Spezifikation des Problems Die Unsicherheit bezüglich der örtlichen Relation der drei Orte Trier, Grenze und Tankstelle weist auf ein Problem bei der Bildung eines adäquaten Situationsmodells hin. Offenbar wurde die Aufgabenstellung nur oberflächlich gelesen oder die dort verwendete Formulierung nicht verstanden bzw. falsch gedeutet. Zwar besteht durch die Angabe *„direkt hinter der [...] Grenze"* durchaus eine geringe Unschärfe bezüglich der Lagebeziehung zwischen Grenze und Tankstelle, sodass nicht klar ist, ob sich die Tankstelle z. B. 20, 100 oder gar 1000 Meter hinter der Grenze befindet, und entsprechend entweder von Null Metern auszugehen oder eine alternative explizite Annahme zu treffen wäre. Jedoch legt die falsche Deutung einzelner Schüler, die Tankstelle befinde sich 20 Kilometer von der Grenze entfernt, die Vermutung nahe, dass sie beim Lesen der Formulierung *„direkt hinter der 20 Kilometer weit entfernten Grenze"* die 20 Kilometer Entfernung als eine genauere Beschreibung des Wortes *direkt* interpretiert haben könnten (im Sinne von *„direkt, 20 Kilometer von der Grenze entfernt, ..."*). Weiterhin lässt die Aufgabenstellung bezüglich der Entfernung zwischen Trier und der Grenze zu Luxemburg keinen Interpretationsspielraum zu, da dort eindeutig formuliert ist, dass die Entfernung beider Orte 20 Kilometer beträgt. Entsprechend liegt in beiden Schülergruppen ein Problem beim Verstehen der Realsituation, dem ersten Schritt des Modellierungskreislaufs aus Abb. 3.1, vor.

Lehrerdiagnose des vorliegenden Problems
Gruppe 5: In Gruppe 5 wird die Lehrerin auf das Problem aufmerksam, als sie in einer gewissen Entfernung zum Gruppentisch stehenbleibt und von dort aus einen kurzen Ausschnitt einer laufenden Diskussion zwischen den Schülern mitverfolgt:

(…)

Bernd:	(*Zu Jana*) Guck mal. Er wohnt hier (*zeigt auf Schülerlösung*). Die Grenze ist hier, aber da ist auch gleich die Tankstelle.
Jana:	Nee, hier ist die Tankstelle nicht.
Christian:	Dann wohnt er halt an der Grenze.
Bernd:	Nein, er wohnt 20 Kilometer… Er wohnt 20 Kilometer von der Grenze entfernt.

(…)

Anhand des Gesprächsausschnitts kann die Lehrerin diagnostizieren, dass sowohl Jana als auch Christian die Aufgabenstellung offenbar nicht korrekt verstanden haben, sodass ein Problem bei der Bildung des Situationsmodells vorliegt. Neben der Verortung des Problems kann die Lehrerin hier auch feststellen, dass ein Schüler der Gruppe (Bernd) die Aufgabenstellung offenbar korrekt verstanden hat.

Gruppe 2: Einige Minuten später wird die Lehrerin in Gruppe 2 direkt durch die Schüler auf ihr Problem angesprochen:

Fabian:	Wir haben gerade ein Verständnisproblem, Frau X. Und zwar wissen wir jetzt nicht, ob… Was wollten wir jetzt, was war die Frage?
Tristan:	Wie viel er verbraucht auf 100 Kilometer oder auf 1 Kilometer.
Fabian:	Nein, ob sich – ob sich… (*unterbrochen*)
Olesja:	(*Unterbricht*) Ob die Grenze – ob der sich jetzt von Trier 20 Kilometer bis zur Tankstelle…von Trier 20 Kilometer, oder von der Grenze 20 Kilometer.

Nachdem zunächst Unsicherheit in der Gruppe darüber besteht, welche Frage sie der Lehrerin eigentlich stellen wollten, kann Olesja schließlich ihr Problem formulieren: Es ist offenbar unklar, ob die in der Aufgabenstellung genannten 20 Kilometer sich auf die Entfernung von Trier zur Tankstelle oder von der Grenze zur Tankstelle beziehen. Diese Aussage (zusammen mit Fabians Einleitung „Wir haben gerade ein Verständnisproblem") ermöglicht es der Lehrerin, das Schülerproblem auch in dieser Gruppe im ersten Schritt des Modellierungskreislaufs zu diagnostizieren. Im Unterschied zur oben beschriebenen Diagnosephase in Gruppe 5 kann die Lehrerin hier jedoch nicht feststellen, ob eines der Gruppenmitglieder über ein korrektes Verständnis der Aufgabenstellung verfügt.

Lehrerreaktion auf das diagnostizierte Problem
Gruppe 5: Nachdem die Lehrerin den dargestellten Ausschnitt der Diskussion innerhalb der Gruppe 5 mitverfolgt hat, entscheidet sie sich offenbar bewusst dafür, nicht zu intervenieren, und verlässt noch während der Diskussion den Gruppentisch. Entsprechend des in Abschn. 2.3 vorgestellten Prozessmodells für Lehrerinterventionen kann eine derartige bewusste Nichtintervention auf der Grundlage einer ausreichenden diagnostischen Basis gewählt werden, wenn davon ausgegangen werden kann, dass der Lösungsprozess der Schüler auch ohne ein Eingreifen des Lehrers erfolgreich selbstständig fortgeführt werden kann. Auch in der vorliegenden Situation gibt die Lehrerin der

Tab. 6.4 Interventionen kodiert nach dem Kategoriensystem

Intervention	Auslöser	Ebene	Absicht
(1)	Schülerfrage an Lehrer (A7)	Strategisch (E2)	Hinweis (Ab3)
(2)	Schülerfehler (A1)	Strategisch (E2)	Hinweis (Ab3)
(3)	Gesprächskette (A8)	Inhaltlich (E1), Schritt 1	Feedback (Ab2)
(4)	Lehreranspruch (A3)	Inhaltlich (E1), Schritt 1	Diagnose (Ab1)

Schülergruppe die Gelegenheit, sowohl ihre Diskussion als auch den weiteren Bearbeitungsprozess selbstständig fortzuführen.

Gruppe 2: In Gruppe 2 schließt sich der Problemdiagnose unmittelbar eine unterstützende Phase an, in der die Lehrerin den Schülern bei der Überwindung ihres Problems hilft:

Lehrerin:	Ja… Guck nochmal genau in den Text rein.	(1)
Fabian:	Oder ob die… ob die Tankstelle 20 Kilometer von der Grenze weg ist. Weil ich hab das so…	
Lehrerin:	Guck nochmal genau in deinen Text rein (*zeigt auf den Aufgabentext*).	(2)
Fabian	(*Liest laut*) „Wo sich direkt hinter der 20 Kilometer weit entfernten Grenze eine Tankstelle befindet".	
Lehrerin:	Das heißt… (*unterbrochen*)	
Sarah:	(*Unterbricht*) Also ist die Grenze 20 Kilometer weit weg von Trier.	
Lehrerin:	Genau. Ganz genau.	(3)
Olesja:	Ist die Grenze 20 Kilometer?	
Sarah:	Ja…. Weg. Weit weg.	
Lehrerin:	Sonst ist die Aufgabe soweit klar?	(4)
Fabian:	Ja.	
Sarah:	Ja.	

Da die Lehrerin unmittelbar von den Schülern auf ihre Unsicherheit angesprochen wurde, lässt sich der Auslöser von Intervention (1) der Kategorie *an den Lehrer gerichtete Schülerfrage* (A7) zuordnen.[8] Die Intervention stellt einen *indirekten Hinweis* (Ab3) dar und findet auf der *strategischen Ebene* (E2) statt. Die Lehrerin empfiehlt Olesja, angepasst an die diagnostizierte Problematik beim Verständnis der Aufgabenstellung, den Aufgabentext erneut genau zu lesen.

Fabians folgende Aussage, bei der er die Lehrerintervention zunächst ignoriert und die zweite Interpretationsmöglichkeit von Olesja noch einmal aufgreift, verdeutlicht, dass er den Aufgabentext nicht korrekt verstanden hat. Die Lehrerin wiederholt deshalb mit Intervention (2), durch diesen *Schülerfehler* (A1) ausgelöst, die zuvor geäußerte Intervention und zeigt zusätzlich auf den Aufgabentext. Der strategische Hinweis ist nun an Fabian gerichtet, während Ebene und Absicht der Intervention mit denjenigen von Intervention (1) übereinstimmen. Fabian reagiert auf die Lehrerintervention, indem er

---

[8] Für einen Überblick über alle vergebenen Codes siehe Tab. 6.4.

den relevanten Satz aus der Aufgabenstellung laut vorliest. Da die nächste Lehreraussage gleich zu Beginn unterbrochen wird, wird sie nicht mit in die Auswertung einbezogen.

Sarah schließt aus dem von Fabian vorgelesenen Satz direkt die korrekte Interpretation der angegebenen Distanz. Die Lehrerin bestätigt ihr mit Intervention (3) die Korrektheit ihrer Aussage durch ein *positives Feedback (Ab2)*, das durch den Bezug auf Sarahs Aussage der *inhaltliche Ebene (E1)* und konkret dem ersten Schritt des Modellierungskreislaufs zuzuordnen ist.

Nachdem die Lehrerin nun davon ausgehen kann, dass die zuvor diagnostizierte Hürde – zumindest auf Gruppenebene[9] – behoben ist, erfragt sie mit ihrer letzten Intervention (4), ob darüber hinaus noch Verständnisprobleme bestehen. Dieser Intervention mit *diagnostischer Absicht (Ab1)* scheint der spezifische *Anspruch der Lehrerin (A3)* zugrunde zu liegen, das Verständnis der Realsituation zu sichern, damit der Lösungsprozess selbstständig durch die Schüler fortgesetzt werden kann. Die Fragestellung bezieht sich dabei erneut auf den ersten Schritt des Modellierungskreislaufs und somit die *inhaltliche Ebene (E1)*.

Schülerreaktion auf die Lehrerintervention Letztlich gelingt es beiden Schülergruppen, wie die von den Schülergruppen erstellten schriftlichen Gruppenlösungen verdeutlichen, nach der vom Lehrer beobachteten Diskussion (Gruppe 5) bzw. nach der dargestellten Konversation mit dem Lehrer (Gruppe 2) die Hürde beim Verstehen der Aufgabensituation erfolgreich zu überwinden (siehe unten die entsprechenden Ausschnitte der Schülerlösungen).

In beiden Fällen ist sowohl anhand der korrigierten Skizzen als auch anhand der Verwendung von 40 Kilometern Wegstrecke in den Berechnungen zweifelsfrei zu erkennen, dass die Unsicherheiten bei der Bildung des Situationsmodells überwunden wurden.

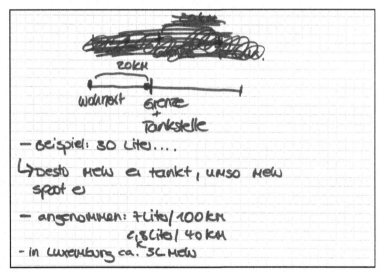

Schülerlösung von Gruppe 5 (Auszug)

---

[9] So bleibt aufgrund von Olesjas erneuter Nachfrage nach Intervention (3) offen, ob ihre kognitive Hürde beim Verständnis des Aufgabentextes tatsächlich behoben werden konnte, oder ob sie sich durch Sarahs Aussage und die darauf folgende positive Lehrerrückmeldung einfach „überstimmen" lässt, die korrekte Interpretation anzunehmen.

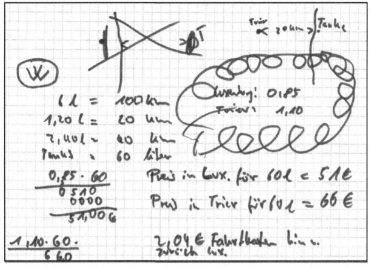

Schülerlösung von Gruppe 2 (Auszug)

Vergleich des Lehrerhandelns und Betrachtung der Adaptivität Der Vergleich der beiden Interventionssituationen im Rahmen dieses Fallbeispiels zeigt auf, dass bei beiden Gruppen dasselbe Schülerproblem vorliegt, die Lehrerin sich jedoch grundsätzlich unterschiedlich verhält. Im einen Fall interveniert sie zunächst auf der strategischen Ebene und stellt zum Ende des Gesprächs eine zusätzliche diagnostische Frage, im anderen Fall entscheidet sie sich dafür, gar nicht zu intervenieren. Offenbar scheinen neben der Art des Problems also noch weitere situationsbezogene Faktoren Einfluss auf die Interventionen der Lehrerin haben.

1. Zunächst ist das Handeln der Lehrerin stark durch das Verhalten der Schüler während der Situation, in der ihr jeweiliges Problem offensichtlich wird, bestimmt. In **Gruppe 5** suchen die Schüler nicht explizit nach Hilfe, sodass die Lehrerin zurückhaltend diagnostizieren und davon ausgehend freier entscheiden kann, ob sie in den Lösungsprozess eingreift oder nicht. Die Schüler von **Gruppe 2** hingegen sprechen die Lehrerin direkt auf ihre Unsicherheit beim Verstehen der Realsituation an, sodass es für sie schwieriger als bei Gruppe 5 ist, nicht zu intervenieren. Jedoch wählt sie eine minimal-unterstützende Intervention, indem sie die Frage der Schüler nicht beantwortet, sondern ihnen vielmehr einen indirekten strategischen Hinweis gibt, der sie zur eigenständigen Überwindung ihres Problems führen soll. Während des Interviews in der anschließenden Stimulated-Recall-Sitzung auf ihre strategische Intervention angesprochen, begründet die Lehrerin ihre Entscheidung für eine möglichst selbstständigkeitserhaltende Intervention:

Das ist auch son ganz triviales Beispiel, die Frage an mich. Aber die können sie selber beantworten, indem sie einfach noch mal in den Text gucken. Wenn die Schüler vor ner Hausaufgabe sitzen oder wenn die Schüler vor ner Klassenarbeit sitzen, würde ich ihnen solche Fragen auch nicht beantworten, weil ich einfach erwarte: Das, was im Text steht, müssen sie auch selber verstehen können. [...] Wenn der Text komplexer ist, müssen sie eben noch mal ein bisschen doppelt genau hingucken, um sich das zu erarbeiten.

2. Ein weiterer Faktor, mit dem die Nichtintervention der Lehrerin im einen Fall und das Eingreifen im anderen Fall zusammenhängen dürfte, ist die Tatsache, dass in **Gruppe 5** Bernd nicht nur zeigt, dass er durchaus ein adäquates Situationsmodell konstruiert hat, sondern zudem einen dominanten Part im betrachteten Diskussionsausschnitt einnimmt, sodass ein Hinweis darauf besteht, dass der Lösungsprozess möglicherweise selbstständig fortgeführt werden kann. In **Gruppe 2** hingegen lässt keine der in der diagnostischen Phase getätigten Schüleräußerungen einen Rückschluss darauf zu, ob zumindest eines der Gruppenmitglieder über ein korrektes Verständnis der Aufgabenstellung verfügt.

3. Betrachtet man als potentiell relevante Lernvoraussetzung der beiden Gruppen die durchschnittliche Leistungsstärke der Schüler – gemessen an der zum Zeitpunkt der Studie aktuellen, von der agierenden Lehrerin selbst vergebenen Mathematiknote – so besteht kein wesentlicher Unterschied zwischen beiden Schülergruppen: In **Gruppe 5** beträgt die durchschnittliche Mathematiknote 2,5, in **Gruppe 2** beträgt sie 2,4. Dennoch ist es denkbar, dass die Lehrerin in ihrem Interventionsverhalten durchaus die mathematische Leistungsstärke (bzw. die Mathematiknoten) der agierenden Schüler berücksichtigt hat: In **Gruppe 5**, in der die Lehrerin bewusst nicht interveniert, ist der dominierende Schüler derjenige mit der besten Mathematiknote (Bernd mit der Note 1-), während in **Gruppe 2**, in der die Lehrerin strategisch interveniert, das Schülerproblem gerade von der leistungsschwächsten Schülerin in der Gruppe formuliert wird (Olesja mit der Note 3),

Das unterschiedliche Verhalten der Lehrerin deutet demnach darauf hin, dass sie vielfältige Aspekte der heterogenen Problemsituationen in ihrem adaptiven Handeln zu berücksichtigen versucht. In beiden Fällen ist das Interventionsverhalten als zurückhaltend zu bezeichnen, durch die insgesamt (bezüglich der oben genannten Faktoren) unproblematischere Situation in Gruppe 5 wurde dort sogar bewusst gar nicht eingegriffen. Letztlich konnte die diagnostizierte Hürde in beiden Fällen von den Schülern selbstständig überwunden werden.

Insgesamt kann dieses Fallbeispiel also aufzeigen, dass es unter Berücksichtigung verschiedenster situationaler Faktoren tatsächlich gelingen kann, Lösungsprozesse in heterogenen Lerngruppen adaptiv mithilfe eines zurückhaltenden Interventionsverhaltens so zu unterstützen, dass Schüler bzw. Schülergruppen ihr Problem unter Wahrung größtmöglicher Selbstständigkeit überwinden können.

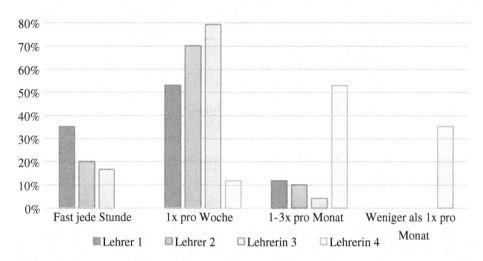

Abb. 6.2 Relative Anteile der von den Schülern eingeschätzten Häufigkeit von Gruppenarbeiten im regulären Mathematikunterricht von Lehrer 1–4

6.2 Generelle Interventionsmerkmale

Bevor in Abschn. 6.3 ein Vergleich der Resultate der drei durchgeführten Teilstudien stattfindet, werden im vorliegenden Abschnitt – mit dem Ziel der Beantwortung der ersten Forschungsfrage – zunächst Auffälligkeiten und Häufigkeitsanalysen des Interventionsverhaltens der Lehrer in der Unterrichtsstudie präsentiert. Die Darstellung fokussiert dabei nicht auf das Interventionsverhalten der einzelnen Probanden, sondern versucht Gemeinsamkeiten herauszustellen, um schließlich Aussagen über das unterrichtliche Lehrerinterventionsverhalten auf einem mittleren Allgemeinheitsniveau treffen zu können.

6.2.1 Formale Charakteristika

Im Folgenden sollen ausgewählte formale Charakteristika der Lehrerinterventionen im Unterricht vorgestellt werden, da davon auszugehen ist, dass diese einen beträchtlichen Einfluss auf das Ausmaß der Unterstützung haben, welche von den Lehrern geleistet werden kann.

Zunächst fiel auf, dass alle vier Lehrer, obwohl ihnen im Rahmen der Unterrichtsstudie die Entscheidung für die Sozialform explizit offengelassen wurde, sich im Vorfeld des Unterrichts für die Bearbeitung der Aufgabe „Tanken" in Gruppenarbeit entschieden hatten. Dies ist insofern interessant, als die Einschätzungen der betroffenen Schüler bezüglich der Häufigkeit von Gruppenarbeiten in ihrem regulären Mathematikunterricht bei den teilnehmenden Lehrern aufzeigt, dass dies keineswegs selbstverständlich ist (siehe Abb. 6.2).

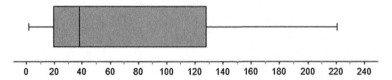

Abb. 6.3 Dauer der Interventionsphasen von Lehrer 2 (in s)

Während der Analyse des unterrichtlichen Interventionsverhaltens fielen unter anderem folgende formalen Charakteristika auf:

- Während der Gruppenarbeitsphasen intervenierten die Lehrer recht einheitlich etwa alle 10 Sekunden (zwischen 9,4 s und 12,7 s durchschnittlich für die vier Lehrer).
- Die Lehrer beobachteten das Geschehen im Durchschnitt 6 Sekunden lang, bevor sie eingriffen. Der Median beträgt dabei allerdings Null Sekunden für jeden der Lehrer, sodass mindestens der Hälfte der vom Lehrer ausgehenden Interventionen offenbar keine (rein beobachtende) Diagnose der Situation vorausging.
- Die Auswertung der Dauer der Interventionsphasen (also derjenigen Phasen, in der ein Lehrer ohne Unterbrechung bei einer Schülergruppe intervenierte) ergab Unterschiede im Vergleich der vier Lehrer. So variierte das arithmetische Mittel etwa zwischen 35 Sekunden (Lehrerin 3) und 70 Sekunden (Lehrer 2). Viel auffälliger waren jedoch die stark unterschiedlichen Phasendauern innerhalb einer Unterrichtsstunde, die für alle vier Lehrer zwischen wenigen Sekunden und einigen Minuten variierten. Der Boxplot in Abb. 6.3 soll diese Unterschiedlichkeit beispielhaft für Lehrer 2 illustrieren.
- Zieht man die durchschnittliche Mathematiknote der Schüler einer Arbeitsgruppe als Indikator für deren mathematische Leistungsfähigkeit heran, so hat diese weder einen Einfluss auf die Anzahl der Interventionsphasen, welche dieser Gruppe zuteilwurde, noch auf deren Dauer. Tatsächlich scheint es hingegen bestimmte (formale) Muster zu geben, deren Vorhandensein von den Lehrern im Interview bestätigt wurde, nach welchen diese die verschiedenen Gruppenarbeitstische im Klassenraum besuchen. Zwar wurden derartige Muster gelegentlich von Schülern bzw. Arbeitsgruppen unterbrochen, die den Lehrer aktiv zu sich riefen, insgesamt ist jedoch bemerkenswert, dass bei allen vier Lehrern diejenigen Gruppentische, welche in der Mitte des Klassenraums positioniert sind, deutlich die meisten Interventionsphasen hatten. Abbildung 6.4 illustriert dieses Phänomen für die ersten zehn Interventionsphasen von Lehrerin 4.

Dieser offensichtliche Einfluss der Unterrichtsroutinen der Lehrer zeigt auf, dass in den analysierten Unterrichtssituationen nicht allein aufgrund der situationalen Voraussetzungen und Verhaltensweisen innerhalb der heterogenen Schülergruppe agiert wurde, sodass die Adaptivität der Lehrerinterventionen nicht in vollem Umfang gewährleistet sein kann.

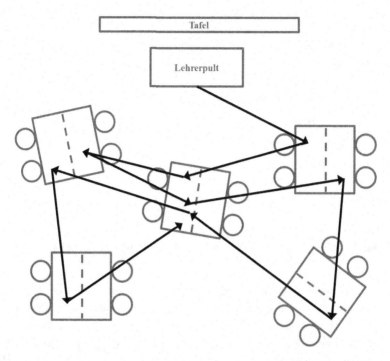

Abb. 6.4 Laufwege von Lehrerin 4 während der ersten zehn Interventionsphasen

6.2.2   Auslöser der Intervention

Die Häufigkeitsanalyse der Interventionsauslöser, also derjenigen Impulse, die den Lehrer zu einer Intervention veranlassen, ergibt zunächst erwartungskonform, dass die meisten Interventionen durch *Gesprächsketten*[10] ausgelöst wurden (durchschnittliche Häufigkeit 53 % für die vier teilnehmenden Lehrer). Schließt man die Gesprächsketten-Kategorie von der Analyse aus, um ausschließlich „originale" Auslöser der Lehrerinterventionen zu betrachten, so ergibt sich die in Abb. 6.5 dargestellte Häufigkeitsverteilung.

Mit durchschnittlich 34 % wurde ein großer Teil der Interventionen ausgelöst durch *an den Lehrer gerichtete Schülerfragen (A7)*. Die Analyse des Datenmaterials ergab dabei v. a.

---

[10] Der zugehörige Code (*A8*) wurde immer dann vergeben, wenn sich ein Gespräch zwischen Lehrer und Schüler(n), das ursprünglich durch einen anderen Faktor ausgelöst wurde, weiter fortsetzte. Der Code wurde stets so lange vergeben, bis ein neuartiger Aspekt im Gesprächsverlauf auftauchte, auf den der Lehrer in spezifischer Weise reagierte. Zur Verdeutlichung sei der Schülerfehler von Daniel in Fallbeispiel 1 (Abschn. 6.1.1) genannt, der im Gesprächsverlauf offenbar wird. Während zuvor eine Gesprächskette festzustellen war, die ursprünglich durch einen Lehreranspruch ausgelöst wurde, reagiert der Lehrer auf die Diagnose des Fehlers mit einer Reihe klärender Interventionen.

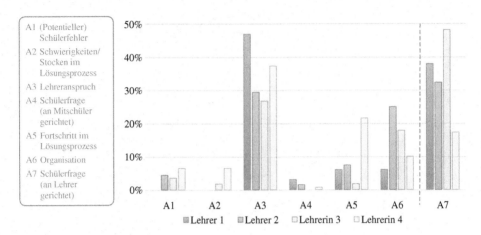

Abb. 6.5 Relative Häufigkeiten der „originalen" Interventionsauslöser (Lehrer 1–4)

zwei Arten von Fragen. Während die meisten Fragen aufgrund konkreter Schwierigkeiten der Lernenden im Rahmen der Aufgabenbearbeitung gestellt wurden und deshalb hilfesuchend an den Lehrer gerichtet waren (z. B. „*Müssen wir jetzt nur aufschreiben, wann wird es günstiger oder wann lohnt es sich?*"), waren vereinzelte Schülerfragen intendiert, um eine Bestätigung der bisherigen Vorgehensweise durch den Lehrer zu erfahren (z. B. „*Hier, ich hab das so gemacht (zeigt auf Schülerlösung) – ob das jetzt so ungefähr richtig ist. Hab sechs Liter für 100 Kilometer genommen.*").

Ein differenzierter Blick auf die verbleibenden sechs Kategorien – also diejenigen, welche den Lehrer selbst zum Intervenieren in den Bearbeitungsprozess veranlassen, ohne dass eine entsprechende Schüleranfrage besteht – offenbart zunächst, dass erstaunlich viele Interventionen durch einen spezifischen *Lehreranspruch* (*A3*) ausgelöst wurden (zwischen 27 % und 47 % für die vier Lehrer). Eine Rekonstruktion der konkreten Ansprüche, welche die Lehrer in den Lösungsprozess einzubringen versuchten, ergab dabei grob die folgenden drei Anspruchsbereiche:

1. Forcierende Ansprüche
   In diesen Fällen versuchten die Lehrer, den Lösungsprozess gezielt voranzutreiben, obwohl dafür keine unmittelbare inhaltliche oder zeitliche Notwendigkeit bestand. Häufig entstand dabei der Eindruck, als solle der Lösungsprozess schlicht beschleunigt oder in eine spezifische, vom Lehrer präferierte Richtung gelenkt werden.

   Bsp.: „*Nun? Jetzt weiß ich, es gehen vierzig Liter in den Tank. Jetzt kann es doch losgehen, oder?*"
2. Kontrollierende/informierende Ansprüche
   Zahlreiche Interventionen ließen den Anspruch bzw. die Gewohnheit der Lehrer erkennen, durch regelmäßiges Nachfragen den Fortschritt der Schüler im Lösungsprozess sowie die daran beteiligten Faktoren zu diagnostizieren.

Bsp.: *„Du hast hier 30, ne (zeigt auf die Schülerlösung)? Und was soll das ausdrücken, diese 30?"*

3. Inhaltliche Ansprüche

Auch wenn der aktuelle Stand eines Lösungsprozesses keine Schwierigkeiten erkennen ließ, traten Interventionen auf, in denen die Lehrer versuchten, zusätzliche inhaltliche Impulse für den weiteren Verlauf des Lösungsprozesses zu geben.

Bsp.: *„Und dann wäre das Nächste, was Ihr noch überlegen könntet: Kostet denn Autofahren nur den Sprit? Oder kostet das vielleicht noch mehr?"*

Während der Analyse fiel auf, dass Lehrerinterventionen, die durch den Auslöser Lehreranspruch verursacht wurden, häufig längere Gesprächsketten zwischen Lehrer und Schüler(n) nach sich zogen. Vielfach lag dies darin begründet, dass die vom Lehrer geäußerten Ansprüche komplexere Reaktionen der Lernenden hervorriefen, die zumeist wieder durch die Lehrer kommentiert wurden.

Neben dem hohen Anteil durch Lehreransprüche ausgelöster Interventionen ist zudem erstaunlich, dass *(potentielle) Schülerfehler (A1)* und *Schwierigkeiten im Lösungsprozess (A2)* überraschend selten den Auslöser einer Intervention darstellten (je 0 bis maximal 6,5 % für beide Kategorien). Dies könnte u. a. im Zusammenhang mit dem in Abschn. 6.2.1 vorgestellten Ergebnis gesehen werden, dass in mehr als der Hälfte der von den Lehrern ausgehenden Interventionen keine rein beobachtende Diagnose der Situation vorausging, sodass die Diagnose eines Fehlers häufig von einer Reihe anders ausgelöster Interventionen flankiert war. Während die Betrachtung der Daten vielfach eine entsprechende Lehrerroutine nahelegt, sich zu diagnostischen Zwecken ausführlich mit dem Schüler über dessen Lösung zu verständen, existierten auch Fälle, in welchen durch die lückenhafte oder unübersichtliche Darstellung der schriftlichen Schülerlösung eine rein beobachtende Diagnose gar nicht möglich war. Beispielhaft kann hier Fallbeispiel 1 aus Abschn. 6.1.1 genannt werden, bei welchem der Lehrer zunächst drei Rückfragen zu in der schriftlichen Schülerlösung sichtbaren Aspekten stellen muss, bis durch Daniels explizite Äußerung eines nicht verschriftlichten Zahlenwerts schließlich sein Validierungsproblem offenbar wird.

Die verbleibenden Interventionen wurden vor allem ausgelöst durch Aspekte, die nicht primär auf Inhalte des Lösungsprozesses bezogen sind, sondern sich eher auf Rahmenbedingungen der Aufgabenbearbeitung beziehen (z. B. organisatorische Notwendigkeiten oder die Erfordernis, den Bearbeitungsprozess in der Gruppe zu regulieren).

Bsp.: *„Zeit behaltet ihr schon bisschen im Auge, ne?!"*

Interventionen dieser Art häuften sich bei allen vier Lehrern vor allem in der zweiten Hälfte des Lösungsprozesses, an die sich eine Phase der Ergebnisbesprechung und -präsentation im Plenum anschloss. In der Regel handelte es sich dabei um kurze Unterstützungsmaßnahmen durch den Lehrer, welche keine längeren Gesprächsketten zur Folge hatten.

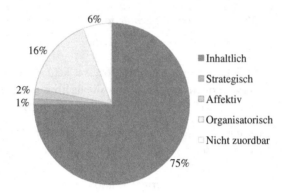

Abb. 6.6 Durchschnittliche relative Häufigkeiten der Interventionsebenen

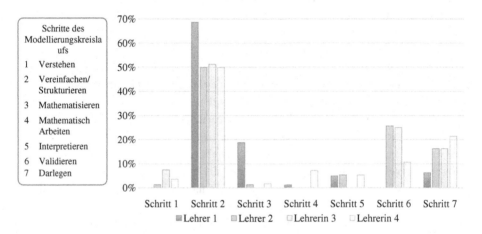

Abb. 6.7 Relative Häufigkeiten der inhaltlichen Interventionsebenen differenziert nach Schritten im Modellierungskreislauf (Lehrer 1–4)

6.2.3   Ebene der Intervention

Die Analyse der Interventionsebenen, also der Bereiche des Lösungsprozesses, auf die sich die Interventionen beziehen, zeigt, dass Interventionen auf der *inhaltlichen Ebene (E1)* mit durchschnittlich 75 % deutlich dominieren (für einen Überblick über die durchschnittlichen relativen Häufigkeiten der Interventionsebenen siehe Abb. 6.6).

Differenziert man die aufgetretenen inhaltlichen Interventionen zudem nach dem Schritt im Modellierungskreislauf, auf den sie sich beziehen (siehe Abb. 6.7), so zeigt sich, dass für alle Lehrer der größte Teil dieser Interventionen (zwischen 50 % und 69 %) dem zweiten Schritt im Modellierungsprozess, also der Bildung des Realmodells durch Strukturieren und Vereinfachen, zuzuordnen ist.

Bsp.: *„Du tankst ja normalerweise nicht nur 5 Liter. Sondern? Mehr! Wie viel würdest wohl du tanken? Welche Annahme könntest du dafür treffen?"*

Der hohe Anteil dieser Schritt-2-Interventionen ist jedoch nicht allein auf spezifische Lehreransprüche an diesen Teil des Modellierungsprozesses zurückzuführen, sondern basiert unter anderem auf einer auffälligen Häufung entsprechender Schülerfragen. Tatsächlich beziehen sich durchschnittlich ca. 60 % der an die Lehrer gerichteten Schülerfragen auf die Bildung des Realmodells. Neben Fragen rund um den Aufgabenkontext Tanken bzw. Tanktourismus (z. B. „Kann man auch Umweltaspekte berücksichtigen?", „Hängt das von der Geschwindigkeit ab, mit der man fährt?") erwies sich insbesondere das Treffen von Annahmen als problematisch für viele Schüler. Dies ist einerseits darauf zurückzuführen, dass viele Schüler unsicher waren, welche Werte für den durchschnittlichen Kraftstoffverbrauch und das Fassungsvolumen des Kraftstoffbehälters eines VW Golfs realistisch sein können, z. B.:

Lehrer:	*(Fitim meldet sich)* Ja, Fitim?
Fitim:	Sagen Sie mal, wie viel ein Auto durchschnittlich verbraucht. Er sagt zwei Liter, das gibt's doch gar nicht.
Lehrer:	Zwei Liter auf 100 Kilometer – was gibt's für andere Vorschläge hier?
Fitim:	Ich hab sieben genommen.
Lehrer:	Sieben.
Mejrema:	Vier.
Lehrer:	Vier.
Jamil:	Drei.
Lehrer:	Drei. Zwei, drei, vier, sieben. Also, zwei, drei, vier ist extrem wenig Verbrauch. Es gibt aber Autos, die so wenig verbrauchen, wenn die besonders ökologisch gebaut sind.
Fitim:	Ja, aber durchschnittliche Autos?
Lehrer:	Aber so'n Serienauto oder so'n Golf, der verbraucht da ein bisschen mehr.
Fitim:	Guck, sag ich doch.
Lehrer:	Sieben passt. Aber euers ist auch nicht aus der Welt. Also Vier-Liter-Autos gibt's auch.
Fitim:	*(Zeigt auf Florian)* Er sagt in Deutschland verbraucht's durchschnittlich zwei Liter, ein Auto.
Lehrer:	Nee, das gibt's nicht. Also ein Serienauto mit 2 Litern, da weiß ich nichts von.

Andererseits verursachte allein die Tatsache, dass die Aufgabenstellung nicht alle zur adäquaten Bearbeitung der Aufgabe notwendigen Zahlenangaben enthält, erhebliche Verunsicherungen bei einzelnen Schülern oder Schülergruppen. Wie im dargestellten Beispiel bedurfte es in derartigen Fällen – selbst dann, wenn das benötigte Kontextwissen vorhanden war – zunächst der Unterstützung durch den Lehrer, bevor die Aufgabenbearbeitung zielführend fortgesetzt werden konnte.

Einen weiteren Fokus der beobachteten inhaltlichen Interventionen stellen mit durchschnittlich 15 % Interventionen zum sechsten Schritt des Modellierungsprozesses dar. Dabei neigten insbesondere Lehrer 2 und Lehrerin 3 dazu, gegen Ende der Aufgabenbearbeitung ihre Schüler dazu anzuregen, ermittelte Resultate sowie in die Modellierung eingegangene Annahmen zu validieren.

Bsp.: *„Wie würdet ihr denn dem Herrn Stein das empfehlen – wie viel muss er denn sparen, wie viel Euro, damit man sagen kann: Es lohnt sich dahin zu fahren?"*

Lehrerin 4 veränderte sogar die Aufgabenstellung der Aufgabe „Tanken" für die gesamte Klasse dahingehend, dass die Schüler berücksichtigen sollten, ob Herr Stein Schüler, Chefarzt oder Rentner ist. Diese vorgezogene Intervention führte im weiteren Prozessverlauf dazu, dass bei allen Schülerlösungen neben den Kosten auch die Zeit, welche Herrn Stein zur Verfügung steht, als relevante Größe berücksichtigt wurde. Fast alle validierungsbezogenen Interventionen von Lehrerin 4 thematisierten diesen Aspekt. Da validierungsbezogene Interventionen für die drei genannten Lehrer vor allem durch Lehreransprüche an diesen Teil des Modellierungsprozesses ausgelöst wurden, kann davon ausgegangen werden, dass sie die Validierung und entsprechend die Möglichkeit eines weiteren Durchlaufens des Modellierungskreislaufs als wesentlichen Bestandteil der Bearbeitung einer Modellierungsaufgabe ansehen.

Bemerkenswert ist, dass lediglich bei Lehrer 1, der einzigen Lehrperson mit einer Hauptschulklasse, keinerlei Interventionen zum Validieren festzustellen waren. Zugleich wurden in dieser Klasse nicht nur verhältnismäßig viele Hilfestellungen zur Bildung des Realmodells, sondern auch zur Bildung des mathematischen Modells gegeben. Die Betrachtung des Datenmaterials legt nahe, dass der Lehrer bereits zufrieden war, wenn die Schüler während der Bearbeitungsphase überhaupt eine Lösung gefunden hatten. Weitere gegebenenfalls noch in die Modellierung miteinzubeziehende Aspekte wurden schließlich in einer nachfolgenden längeren Plenumsphase vom Lehrer selbst thematisiert.

Ein dritter Schwerpunkt der inhaltlichen Interventionen konnte – hier ebenfalls mit Ausnahme von Lehrer 1 – für den letzten Schritt des Modellierungsprozesses, das Darlegen des Lösungswegs, festgestellt werden (durchschnittlich 15 % der inhaltlichen Interventionen). Diese Interventionen, welche sich vor allem im letzten Teil der Gruppenarbeitsphase häuften, wurden fast immer als direkte Handlungsanweisungen formuliert.

Bsp.: *„Also, was mir fehlt, ist, dass ganz klar da steht, welche Annahmen ihr macht (zeigt auf den oberen Teil der Schülerlösung)"*

Betrachtet man erneut die in Abb. 6.6 aufgeführten übergeordneten Kategorien der Interventionsebenen, so wird mit durchschnittlich 16 % die zweithäufigste Kategorie durch Interventionen auf der *organisatorischen Ebene (E4)* gebildet. Erstaunlich selten thematisierten derartige Interventionen Disziplinprobleme während der Aufgabenbearbeitung, was auf ein funktionierendes classroom management schließen lassen könnte, ggf. aber auch mit der für die Schüler besonderen Situation des videographierten Unterrichts zusammenhängen könnte. So bezogen sich fast alle organisatorischen

Interventionen auf die im Rahmen der Studie festgelegte Art der Durchführung der Gruppenarbeit (Beispiel a) oder auf die Dokumentation bzw. die im Unterricht angedachte Präsentation der während der Aufgabenbearbeitung entstandenen Arbeitsergebnisse (Beispiel b).

Bsp. a: *„Ich hatte aber gesagt, jeder soll erstmal für sich überlegen, ne?"*
Bsp. b: *„Hier drauf könnt ihr nachher eure Lösung irgendwie zur Papier bringen (zeigt auf das DIN A3-Blatt)"* .

Interventionen auf der *affektiven Ebene* (E3) konnten mit durchschnittlich 2 % nur selten festgestellt werden. Interventionen auf dieser Ebene dienten vor allem dem Zweck, Schüler in ihrem Vorgehen zu bestärken bzw. sie für die weitere Bearbeitung zu motivieren.

Bsp.:   *„Ja, das ist gut. Mach weiter damit. Bist auf dem richtigen Weg."*

Berücksichtigt man den Arbeitsauftrag der Lehrer möglichst selbstständigkeitsorientiert zu intervenieren, so erstaunt, dass bei allen vier Lehrpersonen Interventionen auf der *strategischen Ebene* (E2) eine deutlich untergeordnete Rolle im Interventionsverhalten einnahmen (durchschnittlich nur 1 %). Bei Lehrer 1 und Lehrerin 4 waren sogar überhaupt keine Interventionen auf dieser Ebene feststellbar. Dieses Ergebnis ist insofern als problematisch zu bewerten, als aufgrund der komplexen Anforderungen mathematischer Modellierungsprozesse Strategien beim Erwerb von Modellierungskompetenz eine hohe Bedeutung zugemessen wird und die Abstraktion vom konkreten Beispiel eine wichtige Voraussetzung für das Leisten von Transfer auf verwandte Problemstellungen darstellt (siehe Abschn. 3.1). Würde man den teilnehmenden Lehrern als übergeordnetes Ziel der beobachteten unterrichtlichen Handlungen die Förderung von Modellierungskompetenz unterstellen, so wäre ein derart geringer Anteil strategischer Elemente im Interventionsverhalten sicherlich als nur bedingt zielführend zu beurteilen.

6.2.4   Absicht der Intervention

Die Auswertung der Interventionsabsichten, also der vermutlich vom Lehrer intendierten Wirkung der Intervention auf den Lösungsprozess der Schüler, offenbart zunächst, dass die Absicht *Hinweis* (*Ab3*) mit 46 % im Mittel der vier Lehrer am häufigsten auftrat, während Interventionen mit *Feedback-Absicht* (*Ab2*) in 37 % und *diagnostische Interventionen* (*Ab1*) nur in 17 % der Fälle festgestellt werden konnten (siehe Abb. 6.8). Wie in den Fallbeispielen in Abschn. 6.1 ersichtlich, wurden gelegentlich mehrere Absichten einer Intervention festgestellt, sodass sich die relativen Häufigkeiten hier nicht auf die Anzahl der analysierten Einheiten, sondern auf die Anzahl der vergebenen Codes beziehen.

   Differenziert man Hinweise zudem entsprechend der im Kategoriensystem aufgeführten drei Subkategorien, so fällt auf, dass die Interventionen aller vier Lehrer bezüglich der fünf Merkmalsausprägungen recht ähnlich verteilt sind (siehe Abb. 6.9).

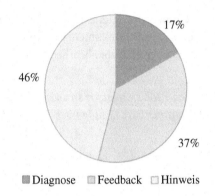

Diagnose   Feedback   Hinweis

Abb. 6.8 Durchschnittliche relative Häufigkeiten der Interventionsabsichten

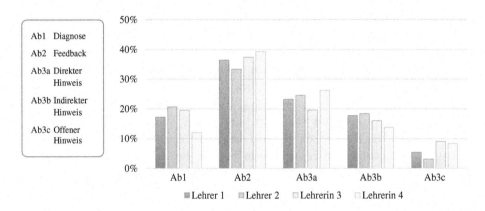

Abb. 6.9 Relative Häufigkeiten der Interventionsabsichten (Lehrer 1–4)

Eine genauere Betrachtung der in den einzelnen Kategorien getätigten Interventionen offenbart zudem Details der verschiedenen Interventionsabsichten:

Diagnose Die meisten Interventionen mit *diagnostischer Absicht (Ab1)* waren in Frageform formuliert (z. B. *„So, was habt ihr jetzt für Werte?"*), gelegentlich konnte aber auch für Interventionen in Aussageform eine diagnostische Absicht festgestellt werden (etwa die Intervention *„Dann erklär das denen mal und ich höre zu"* aus dem zweiten Fallbeispiel). Die primären Anliegen der beobachteten Interventionen stellten dabei das Informieren über den aktuellen Arbeitsstand und die Diagnose des Verständnisses der Schüler dar.

Feedback Alle vier Lehrer gaben den Schülern bei mindestens einem Drittel ihrer Interventionen *Feedback (Ab2)*. Auch wenn dabei prinzipiell die Möglichkeit bestand, positive, negative oder bewusst neutral formulierte Rückmeldungen vorzunehmen, zeigte sich bei allen Lehrern eine klare Dominanz positiven Feedbacks (durchschnittlich 82 % aller Feedback-Interventionen). Konkret reichten diese Interventionen von nonverbalen Handlungen wie *Nicken* über kurze Äußerungen wie *„Gut"* bis hin zu fast überschwänglich anmutenden Bewertungen wie *„Ja, das ist doch wunderbar!"* Die mit 8 % bzw. 10 % vergleichsweise geringen Anteile negativen Feedbacks (z. B. *„Du hast hier irgendeine Gleichung gesucht, die mir insgesamt erstmal zu kompliziert erscheint"*) und neutralen Feedbacks (z. B. *„Tauscht euch am besten erstmal untereinander darüber aus"*) gehen vor allem damit einher, dass die Lehrpersonen, statt ihren Schülern diagnostizierte Fehler direkt zurückzumelden, zumeist versuchten sie durch indirekte oder offene Hinweise ihr Problem selbst entdecken zu lassen.

Direkte Hinweise Durchschnittlich 23 % der Interventionen jedes Lehrers stellten *direkte Hinweise (Ab3a)* dar. Der Fokus derartiger Interventionen lag einerseits auf der Begründung inhaltlicher Aspekte und Entscheidungen innerhalb des Lösungsprozesses, z. B.:

Nina:	Das Doppelte.
Lehrer:	Na ist ja klar, der fährt, der fährt nach Luxemburg zum Tanken. Dann muss ich auch wieder heim.

Andererseits wurden häufig direkte Arbeitsanweisungen erteilt, die sich auf das organisatorische Vorgehen und auf das Aufschreiben der Lösung konzentrierten (z. B. *„Was du noch machen kannst, ist das klarer aufschreiben, dass man erkennen kann, wie du auf diese Zehn-Einundachtzig kommst"*).

Obwohl den Schülern vielfach Sachinformationen zum Realkontext der Aufgabe fehlten, gaben die Lehrer diese nur äußert selten als direkte Information an die Schüler weiter – insbesondere dann, wenn es die fehlenden Größen zu Kraftstoffverbrauch und Tankvolumen betraf. Die Ausnahme bildeten Situationen, in denen nicht davon auszugehen war, dass bestehende Irritationen ohne Zuhilfenahme von Kontextwissen beseitigt werden können. Weiterhin fiel auf, dass – ganz im Sinne minimaler Lernunterstützung – konkret vorliegenden Problemen im Lösungsprozess fast nie mithilfe direkter, sondern primär mithilfe indirekter Hilfestellungen begegnet wurde.

Indirekte und offene Hinweise Mit insgesamt durchschnittlich 23 % wurden etwa genauso viele *indirekte* und *offene Hinweise (Ab3b/c)* wie direkte Hinweise gegeben. Bei der Kodierung wurden zwei Formen von Hinweisen, bei denen der Lehrer nicht unmittelbar auf ein eventuelles Problem hinweist oder gar dessen Lösung verrät, sondern durch mehr oder weniger subtile Hinweise versucht den Bearbeitungsprozess zu lenken, unterschieden.

Zum einen wurden dabei *indirekte Hinweise (Ab3b)* betrachtet, bei denen die Schüler – im Sinne eines sokratischen Gesprächs – nur noch einen naheliegenden Schritt selbstständig gehen mussten, um ein Problem zu erkennen oder zu überwinden.

Bsp.: „*Du sagst ‚Wenn er 40 Liter tankt, spart er 10 €'. Aber jetzt guck nochmal auf deine Skizze. Er wohnt ja in Trier.*"

Zum anderen wurden *offene Hinweise* (Ab3c) betrachtet, die in der Regel lediglich andeuteten, wo ein eventuelles Problem bzw. dessen Lösung zu finden ist, und dabei relativ offenließen, was als nächstes zu tun sei, sodass die Schüler zur Erkennung und Überwindung des Problems selbstständig noch mehrere Schritte gehen mussten.

Bsp.: „*Was würde Herr Stein machen? Wenn er in Trier wohnt, sich überlegt, wo er tanken geht. Also dass ihr von dem Herrn Stein einfach ausgeht. Der sitzt im Auto und überlegt sich, was er jetzt macht, wenn seine Tankanzeige kurz vor der Null steht.*"

Die Häufigkeitsauswertung zeigte, dass alle Lehrer deutlich mehr indirekte als offene Hinweise gaben. Die durchschnittlichen Anteile lagen im Mittel bei 17 % bzw. 7 %. Der höhere Anteil indirekter Hinweise geht dabei unter anderem einher mit einem Problem, welches sich für die Lehrer bei der Verwendung offener Hinweise ergab. So waren die Lernenden häufig nur bedingt gewillt, derartige Hinweise einfach aufzugreifen und selbstständig weiterzuführen, sondern versuchten stattdessen die Lehrer unmittelbar zu deutlicheren, weniger offenen Hinweisen zu ermutigen, z. B.:

Caroline:	Wenn er zum Beispiel am einen Ende von Trier wohnt und die Tankstelle ist am anderen Ende, dann ist ja auch noch mal ein – also ein Stück Weg ist net viel aber es ist auf jeden Fall schon mal was zu fahren.
Lehrerin:	Kann man berücksichtigen. Dann müsst Ihr das in euern Rechnungen entsprechend einfließen lassen – in euern Überlegungen, ne?
Vanessa:	Ja und wie machen wir das dann?

An einer solchen Stelle steht die Lehrperson vor der Wahl, die Schüler zunächst bewusst selbstständig weiterarbeiten zu lassen – wie es wahrscheinlich im oben dargestellten offenen Hinweis intendiert war – oder aber direkt weitere Hilfestellungen anzuschließen. Ersteres wurde relativ selten beobachtet, vielmehr gingen die Lehrer in der Regel unmittelbar auf die Rückfragen der Schüler ein. Vielfach ließ sich deshalb beobachten, wie in entsprechenden Situation auf einen offenen Hinweis eine ganze Reihe kleinschrittigerer, indirekter Hinweise folgten, die schließlich zur Überwindung des bei den Schülern vorliegenden Problems führten.

Bei der Betrachtung der genannten Ergebnisse ist zu berücksichtigen, dass es sich bei der Interventionsabsicht um diejenige Kategorie mit dem größten Interpretationsanspruch an den Kodierer handelt und die Intention einer Intervention häufig nur im Gesprächszusammenhang sowie durch Hinzunahme von Informationen aus dem sich anschließenden Interview erschlossen werden kann. So fiel bei der Kodierung insbesondere die Abgrenzung *diagnostischer Fragen* (Ab1) zu *indirekten* und *offenen Hinweisen* (Ab3b/c) schwer, da gelegentlich für oberflächlich zunächst diagnostisch anmutende Lehrerfragen nachträglich eine Hinweis-Absicht rekonstruiert werden konnte. Das folgende Beispiel soll dies verdeutlichen:

Mina:	Gut und das jetzt umgerechnet auf einen Kilometer sind das dann halt Null Komma Null Acht Eins.
Lehrerin:	Braucht braucht man denn, wieso braucht man denn einen Kilometer?
Mina:	Nein, okay.
Melani:	Ja weil es – also man kann es auch einfach durch Fünf teilen, oder? Weil das sind zwanzig Kilometer.
Mina:	Ja, stimmt.
Lehrerin:	Hmm (*zustimmend*).

Bereits während der Konversation gewinnt man durch Minas Reaktion auf die Frage „Wieso braucht man denn einen Kilometer?" den Eindruck, dass sie diese nicht als ein reines Informieren der Lehrerin wahrnimmt. Im nachträglichen Interview auf diese Situation angesprochen, bestätigt die Lehrerin den Eindruck, dass mit der Intervention eine Lenkung des Prozesses intendiert war:

Da müsste man ja eigentlich auch in der Klasse 9 das dann so mit proportionalen Zuordnungen machen und nicht so hundert Kilometer, ein Kilometer, vierzig Kilometer, also das denke ich ist keine Rechnung, die man – wie ich sie in der Klasse 9 erwarte.

In diesem Zusammenhang zeigte sich interessanterweise in allen analysierten Unterrichtsstunden, dass die Schüler – scheinbar einer unausgesprochenen sozialen Spielregel folgend – häufig eine hinter der Frage der Lehrperson („*Wieso hast du das so gerechnet?*") stehende Botschaft vermuteten („*Da ist ein Fehler in deinem Rechenweg.*") und wie Mina sofort einlenkten oder entsprechend verunsichert waren, z. B.:

Lehrer:	Du schreibst jetzt "Trier ist billiger"? (*zeigt auf Schülerlösung*)
Jamil:	Oh – ich meine es umgedreht. Nee doch, nee doch nicht. Ich meinte es so rum.

6.3   Lehrerinterventionen unter Laborbedingungen

Nachdem im vorangegangenen Abschnitt das Interventionsverhalten während der Bearbeitung der Aufgabe „Tanken" im regulären Unterrichtskontext betrachtet wurde, sollen nun Charakteristika des Lehrerhandelns in der Labor- und der Strategiestudie präsentiert werden. Dabei wird zunächst in Abschn. 6.3.1 ein Vergleich zwischen Unterrichtsstudie und Laborstudie angestellt. Im anschließenden Abschn. 6.3.2 wird betrachtet, inwiefern sich die Verfügbarkeit des strategischen Instruments „Lösungsplan" (Abb. 3.6) in der Strategiestudie auf das Interventionsverhalten des dort agierenden Lehrers ausgewirkt hat und wie er das Instrument konkret in seine unterrichtlichen Interventionen eingebunden hat.

6.3.1 Vergleichende Analyse

Um abschätzen zu können, inwiefern das in Abschn. 6.2 beschriebene Interventionsverhalten der vier teilnehmenden Lehrer durch generelle Rahmenbedingungen bzw.
Anforderungen, wie sie in der Regel im unterrichtlichen Kontext vorliegen, beeinflusst
wird, soll im Folgenden ein Vergleich der Charakteristika des Interventionsverhaltens
in der Unterrichtsstudie und der Laborstudie angestellt werden. Die Laborstudie fand
dabei für die Lehrer insofern unter idealisierten Bedingungen statt, als nicht mehrere Lösungsprozesse simultan unterstützt werden mussten und die Laborsituationen
zudem keiner zeitlichen Begrenzung unterlagen, sodass in keinem Moment unter Zeitdruck gehandelt werden musste. Zudem saßen die Lehrer während der Laborsitzungen durchgängig mit den beiden Schülern an einem Tisch und hatten entsprechend
die Möglichkeit, auf der Basis einer umfassenden prozessbezogenen Diagnose zu
intervenieren.

6.3.1.1 Vergleich formaler Interventionscharakteristika

Bedingt durch die spezifischen Rahmenbedingungen der Laborsituationen können
formale Charakteristika wie etwa die Dauer diagnostischer Phasen vor dem Intervenieren und die Dauer gruppenbezogener Interventionsphasen, welche für die
Unterrichtsstudie ausgewertet wurden (siehe Abschn. 6.2.1), an dieser Stelle nicht
betrachtet werden.

Zumindest ließ sich aber ein Vergleich der durchschnittlichen Frequenz der von den
Lehrern getätigten Interventionen zwischen Unterrichts- und Laborstudie feststellen.
Es zeigte sich, dass sich – wie bereits in der Unterrichtsstudie – auch in der Laborstudie die durchschnittliche Frequenz der Interventionen zwischen den vier Lehrern nicht
wesentlich unterschied. Vergleicht man die Mittelwerte der durchschnittlichen Interventionsfrequenz der vier Lehrer, so ergibt sich für die Laborstudie mit durchschnittlich 9
Sekunden ein geringfügig kleinerer Wert als in der Unterrichtsstudie, wo durchschnittlich etwa alle 10 Sekunden interveniert wurde. Wenngleich sich somit auf Lehrerseite
bezüglich dieses formalen Charakteristikums ein nahezu identisches Verhalten zeigte,
ergibt sich hieraus doch ein stark unterschiedlicher Grad der Unterstützung bzw. Beein-
flussung des Prozesses auf Schülerseite:

- Durchschnittlich alle 10 Sekunden eine Intervention in der Unterrichtsstudie
  bedeutet, dass in 10 Minuten durchschnittlich 60 Interventionen getätigt wurden, die sich jeweils auf die Schüler bzw. Schülergruppen einer ganzen Schulklasse
  verteilten.
- Durchschnittlich alle 9 Sekunden eine Interventionen in der Laborstudie bedeutet,
  dass in 10 Minuten durchschnittlich 67 Interventionen getätigt wurden, die jeweils
  ausschließlich an das anwesende Schülerpaar gerichtet waren.

Abb. 6.10 Physische Nähe von Lehrer 1 in Unterricht (*links*) und Labor (*rechts*)

Abb. 6.11 Physische Distanz von Lehrer 2 in Unterricht (*links*) und Labor (*rechts*)

Neben der Interventionsfrequenz fiel bei der Gegenüberstellung von Unterrichts- und Laborstudie auf, dass auch die physische Präsenz während der Begleitung der Lösungsprozesse für jeden einzelnen Lehrer sehr ähnlich war. So kann beispielsweise festgestellt werden, dass Lehrer 1 sowohl in der Unterrichts- als auch in der Laborsituation dazu neigte, sich physisch stark in die Aufgabenbearbeitung einzubringen (Abb. 6.10), während Lehrer 2 stets physisch distanziert auftrat (Abb. 6.11).

6.3.1.2 Vergleich inhaltlicher Interventionscharakteristika

Neben der formalen fanden sich auch Ähnlichkeiten der Lehrerinterventionen auf der inhaltlichen Ebene. So ergab die vergleichende Analyse des Interventionsverhaltens der Lehrer bezüglich der Hauptkategorien des Kategoriensystems folgende Parallelen zwischen Unterrichts- und Laborstudie:

- Während die Lehrerinterventionen selten durch konkrete Schülerfehler oder akute Probleme im Lösungsprozess ausgelöst wurden, stellten mit erstaunlicher Häufigkeit kontrollierende, forcierende und inhaltliche Ansprüche der Lehrpersonen den Auslöser einer Intervention dar.

- Die Interventionen bezogen sich primär auf die inhaltliche Ebene des Lösungsprozesses. Organisatorische und insbesondere affektive sowie strategische Interventionen nahmen nur eine sehr untergeordnete Rolle während der Begleitung der Lösungsprozesse ein.
- Inhaltliche Interventionen thematisierten, zusammenhängend mit spezifischen Schülerschwierigkeiten bei der Bearbeitung der Aufgabe „Tanken", primär den zweiten Schritt des Modellierungsprozesses, also die Bildung eines adäquaten Realmodells.
- Die Validierung der von den Schülern ermittelten Ergebnisse stellte einen weiteren Fokus inhaltlicher Interventionen dar. Während dies für die Unterrichtsstudie zumindest für die Lehrer 2 bis 4 formuliert werden konnte, ließen sich in der Laborstudie zahlreiche Validierungsinterventionen bei allen vier Lehrern feststellen.
- Offene Hilfestellungen mit mehrschrittigem Problemschluss traten fast nie separat auf, sondern wurden zumeist von stärker unterstützenden bzw. lenkenden Interventionen durch die Lehrperson begleitet.
- Auf konkrete Fehler und Schwierigkeiten im Lösungsprozess reagierten die Lehrer nur selten mithilfe direkter, sondern zumeist mithilfe indirekter Hinweise. In vielen Fällen überwanden die Schüler – ganz im Sinne eines sokratischen Gesprächs – Hürden im Bearbeitungsprozess, indem sie auf eine Reihe von indirekten Hinweisen reagierten.

Dennoch konnten mehrere Unterschiede des Interventionsverhaltens im Vergleich von Unterrichts- und Laborstudie festgestellt werden, die vor allem mit dem veränderten organisatorischen Rahmen der Laborstudie zusammenhängen. Die Unterschiede konnten in den folgenden Bereichen festgestellt werden:

- Während in der Unterrichtsstudie durchschnittlich 34 % durch an den Lehrer gerichtete Schülerfragen ausgelöst wurde, ließ sich mit durchschnittlich 9 % in der Laborstudie nur ein recht geringer Anteil dieses Auslösers feststellen. Dies hängt nicht etwa mit einem grundsätzlich veränderten Lehrerhandeln zusammen, sondern vor allem damit, dass in den Laborsitzungen nur zwei Schüler potentiell Fragen stellen konnten (im Vergleich zur gesamten Klasse in der Unterrichtsstudie).
- In der Laborstudie versuchten die Lehrer in allen Phasen der Aufgabenbearbeitung sowohl inhaltliche Ansprüche als auch Ansprüche an den adäquaten Aufschrieb der Lösung in den Bearbeitungsprozess einzubringen. In der Unterrichtsstudie wurden derartige formale Ansprüche vor allem in der zweiten Hälfte der Aufgabenbearbeitung geäußert, während in der ersten Hälfte inhaltlichen Aspekten Vorrang gegeben wurde.
- In der Laborstudie konnten insgesamt weniger organisatorische Interventionen festgestellt werden (nur durchschnittlich 6 % im Vergleich zu 16 % in der Unterrichtsstudie). Der geringere Anteil derartiger Interventionen lässt sich insbesondere darauf zurückführen, dass sich in den Laborsitzungen – im Gegensatz zur Unterrichtsstudie – keine Phase der Ergebnispräsentation an die Aufgabenbearbeitung anschloss, sodass insgesamt eine geringere Notwendigkeit zur organisatorischen Regulation des Bearbeitungsprozesses bestand als in der Unterrichtsstudie.

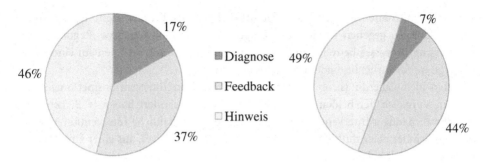

Abb. 6.12 Durchschnittliche relative Häufigkeiten der Interventionsabsichten in der Unterrichtsstudie (*links*) und in der Laborstudie (*rechts*)

- Der Anteil der Interventionen mit diagnostischer Absicht war für alle Lehrer im Labor
  deutlich geringer als im Unterricht (nur noch 7 % im Mittel der Lehrer im Gegensatz zu
  17 % in der Unterrichtsstudie). Dies geht damit einher, dass die Lehrer in der Laborstudie mit den Schülern an einem Tisch saßen und so durch teilnehmende Beobachtung
  den Fortschritt des Lösungsprozesses permanent diagnostizieren konnten.
- Der geringere Anteil diagnostischer Interventionen in der Laborstudie führte dabei
  zu keiner Akzentverschiebung der Interventionsabsichten, sondern zu einer leichten
  Zunahme der beiden übrigen Interventionsabsichten, wie ein Vergleich der durchschnittlichen relativen Häufigkeiten zeigt (siehe Abb. 6.12).
- Während in der Laborstudie – erneut zusammenhängend mit der Möglichkeit den
  gesamten Prozess mitzuverfolgen – auch generelle Fortschritte im Lösungsprozess
  positiv angemerkt wurden, fanden sich in der Unterrichtsstudie vor allem solche positiven Rückmeldungen, die unmittelbare Folgehandlungen auf eine vorherige Lehrerintervention betrafen.

Stellt man sich nach Betrachtung der Gemeinsamkeiten und Unterschiede zwischen Labor
und Unterricht die Frage, inwieweit die unterrichtlichen Rahmenbedingungen offenbar
determinierend für ein gewisses Interventionsverhalten waren, so lässt sich keine eindeutige Antwort finden. Betrachtet man diejenigen Charakteristika, welche im Vergleich von
Unterrichts- und Laborstudie konstant geblieben sind, so gewinnt man den Eindruck, dass
die Lehrer über gewisse Interventionsroutinen verfügen, die sie nahezu unabhängig von
Unterrichtsfaktoren wie Klassengröße und zeitlichem Druck einzusetzen scheinen.

Während sich einige der festgestellten Unterschiede unmittelbar durch den veränderten organisatorischen Rahmen der Laborstudie erklären lassen (etwa der geringere Anteil
von Schülerfragen als Interventionsauslöser oder der geringere Anteil organisatorischer
Interventionen), so weisen andere doch auf die Möglichkeit hin, dass die Verbesserung
gewisser unterrichtlicher Rahmenbedingungen sich positiv auf das Interventionsverhalten auswirken kann. Beispielsweise können bei entsprechenden zeitlichen und organisatorischen Kapazitäten Bearbeitungsprozesse offenbar auch dann diagnostiziert werden,
wenn nicht übermäßig häufig durch diagnostische Fragen in den Prozess eingegriffen

wird. Zudem können bei ausreichender Möglichkeit zur Prozessdiagnose auch solche Rückmeldungen gegeben werden, die die gesamte Durchführung bzw. Regulation des Bearbeitungsprozesses betreffen und nicht nur unmittelbare Reaktionen auf eine vorherige, ggf. weiter zurückliegende Intervention.

Offen bleibt allerdings, ob die Lehrer bei denjenigen Interventionsmerkmalen, die sich im Vergleich der beiden Studien (nahezu) nicht geändert haben (z. B. Lehreransprüche als häufiger Interventionsauslöser; vorwiegend inhaltliche Interventionen; Reaktion auf Schülerfehler mithilfe indirekter und offener Hinweise), aus einer Überzeugung heraus gehandelt haben, dass es sich unabhängig von der Labor- oder Unterrichtssituation um das bestmögliche Interventionsverhalten handelte, oder ob sie bezüglich gewisser Aspekte ihres Interventionsverhaltens nicht über ein situativ-flexibles Repertoire an Handlungsmöglichkeiten verfügen, wie es für eine adaptive Prozessunterstützung in heterogenen Lerngruppen notwendig wäre.

6.3.2   Anwendung des Strategieinstruments

Aufgrund des außerordentlich geringen Anteils strategiebezogener Interventionen in der Unterrichtsstudie sowie der Laborstudie wurde in der ergänzenden Strategiestudie untersucht, wie sich die Verfügbarkeit eines modellierungsbezogenen strategischen Instruments, des Lösungsplans (siehe erneut Abb. 3.6), zur Unterstützung des Diagnose- und Interventionsverhaltens auf die Interventionen des dort agierenden Lehrers[11] auswirkt. Der Lehrer erhielt dabei keine spezifischere Schulung als in den vorangegangenen Studien, sondern wurde lediglich instruiert, den Lösungsplan zum selbstständigkeitserhaltenden Intervenieren zu nutzen. Nachfolgend soll zunächst dargestellt werden, auf welche Weise er das Instrument während seiner unterrichtlichen Interventionen verwendet hat. Im Anschluss wird überprüft, welche Auswirkungen die Verfügbarkeit des Instruments auf allgemeine Charakteristika seines Interventionsverhaltens hatte.

6.3.2.1 Einsatz des Lösungsplans

Obwohl der Lehrer im Vorfeld der Studie angab, die im Lösungsplan aufgeführten Strategien generell für sinnvoll und zielführend zur Unterstützung von Modellierungsprozessen zu halten, zeigt die Analyse seines Interventionsverhaltens in der Strategiestudie, dass nur etwa 5 % der Interventionen (absolut waren es genau 10 Interventionen) sich überhaupt implizit oder explizit auf den Lösungsplan bezogen, d. h. in irgendeiner Weise Strategien aufgriffen, die das Instrument bereitstellte.

Die Auswertung der **Subkategorien des Lösungsplaneinsatzes** ergibt zunächst, dass insgesamt sieben der zehn Interventionen einen *expliziten Bezug zum Lösungsplan (AL1 oder AL3)* enthielten. Diesen stellte der Lehrer entweder durch Zeigen mit seinem Finger

---

[11] Konkret handelte es sich um Lehrer 2 aus den beiden vorangegangenen Studien.

auf eine bestimmte Stelle im Lösungsplan der Schüler her oder durch einen hinweisen-
den Satz wie im folgenden Beispiel:

Bsp.: *„Als Hilfe auf dem Lösungsplan: Du musst dir die Situation konkret vorstellen."*

In nur drei der zehn Fälle handelte es sich bei dem gegebenen lösungsplanbezogenen
Hinweis – wie im oben dargestellten Beispiel – um einen *allgemein-strategischen Hinweis*
(*AL1* oder *AL2*), bei dem der Lehrer die entsprechende Strategie ohne spezifischen Bezug
zu den Inhalten der Aufgabe nannte. Als häufigste Kategorie konnten mit 5 von 10 Fällen
inhaltlich-strategische Hinweise mit explizitem Bezug zum Lösungsplan (AL3) festgestellt
werden.

Betrachtet man die konkret getätigten Lehreraussagen, so ist erstaunlich, dass er sich
bei allen zehn lösungsplanbezogenen Interventionen stets nur auf eine der zehn **Strategien des Lösungsplans** bezog (siehe hierzu erneut Abb. 3.6), nämlich die Strategie, sich
die in der Aufgabenstellung beschriebene Situation konkret vorzustellen, wie etwa im
folgenden *inhaltlich-strategischen Hinweis mit implizitem Bezug zum Lösungsplan (AL4)*:

Bsp.: *„Stell dir die Frau Stein vor. Wenn sie dahin fährt, muss sie was bezahlen. Und wenn
       sie in Trier tankt, muss sie auch was bezahlen."*

Die verbleibenden neun Strategien blieben während der gesamten Aufgabenbearbeitung
unerwähnt. Zwar wurden die übrigen Modellierungsschritte, für die der Lösungsplan
ebenfalls Strategien bereitstellte, alle inhaltlich in den Lehrerinterventionen berücksichtigt, eine dem Wortlaut der einzelnen Strategien ähnliche Formulierung oder gar ein
Verweis auf diese Strategien blieb jedoch aus. Zudem ließen sich weitere Hinweise für
die sehr **begrenzte Nutzung des Lösungsplans** während des unterrichtlichen Intervenierens feststellen. So beschränkte sich die Anwendung des Lösungsplans durch den Lehrer
zeitlich auf die erste Hälfte der Aufgabenbearbeitung. Außerdem waren insgesamt nur 5
der 16 an der Strategiestudie teilnehmenden Schüler unmittelbar von den lösungsplanbezogenen Interventionen betroffen (wobei benachbarte Schüler die entsprechenden Lehreraussagen zum Teil mitverfolgen konnten).

Betrachtet man die **Auslöser der Interventionen** mit Lösungsplan-Bezug, so fällt
auf, dass diese in neun von zehn Fällen durch einen *(potentiellen) Schülerfehler (A1)*
oder eine *Schwierigkeit im Lösungsprozess (A2)* verursacht wurden, wobei die zugrunde
liegenden Schwierigkeiten der Schüler im ersten bis dritten Schritt des Modellierungskreislaufs zu verorten waren. Folglich hat der Lehrer das Instrument offenbar zumindest insofern in sein Interventionsrepertoire integriert, als er es als Möglichkeit versteht,
Schüler bei der Überwindung vorliegender Probleme zu unterstützen. Nur ein einziges
Mal führte ein spezifischer *Lehreranspruch (A3)* zu einer lösungsplanbezogenen Intervention. Entsprechend scheint der Lehrer das Potential des Instruments, damit nicht
nur konkreten Problemen zu begegnen, sondern den Lösungsprozess der Schüler auch
minimal durch den gezielten Einsatz modellierungsbezogener strategischer Hinweise zu
unterstützen, nicht voll auszuschöpfen.

Die mit lösungsplanbezogenen Interventionen verbundenen **Interventionsebenen** und **Interventionsabsichten** ergeben sich direkt aus der Festlegung der Subkategorien der Lösungsplan-Anwendung im Kategoriensystem: *Allgemein-strategische Hinweise* (*AL1* und *AL2*) bieten den Schülern eine generelle modellierungsbezogene Strategie an und finden deshalb auf der *strategischen Ebene* (*E2*) statt. *Inhaltlich-strategische Hinweise* (*AL3* und *AL4*) verwenden zwar eine strategische Hilfe aus dem Lösungsplan, fokussieren aber stärker auf spezifische Aufgabeninhalte – siehe etwa das oben zuletzt aufgeführte Beispiel – und wurden deshalb auf der *inhaltlichen Ebene* (*E1*) kodiert. Zudem enthalten alle Subkategorien der Lösungsplan-Anwendung spezifische *Hinweise* mit Lösungsplan-Bezug, sodass das Geben eines *Hinweises* (*Ab3*) stets die Absicht derartiger Interventionen darstellt.

6.3.2.2 Einfluss auf allgemeine Interventionscharakteristika

Nachfolgend soll betrachtet werden, ob die Verfügbarkeit des Lösungsplans sich auf die mithilfe des Kategoriensystems erhobenen allgemeinen Charakteristika des Interventionsverhaltens ausgewirkt hat. Da die Strategiestudie in einem klassenähnlichen Setting stattgefunden hat, soll zu diesem Zweck ein Vergleich zwischen dem Interventionsverhalten von Lehrer 2 in der Unterrichtsstudie und der Strategiestudie angestellt werden.

- Auf die Auslöser der Interventionen scheint das Vorhandensein des Strategieinstruments keine Auswirkungen zu haben, da die Verteilung der Merkmalsausprägungen sich sehr ähnlich verhält wie in Abschn. 6.2.2 für die Unterrichtsstudie dargestellt. Schwerpunkte liegen hier erneut auf den Subkategorien *Gesprächskette* (*A8*), *an den Lehrer gerichtete Schülerfrage* (*A7*) und *Lehreranspruch* (*A3*).
- Bezüglich der Ebenen der Interventionen fiel vor allem auf, dass die relative Häufigkeit strategischer Interventionen von Lehrer 2 deutlich angestiegen ist (von ca. 3 % in der Unterrichtsstudie auf ca. 8,5 % in der Strategiestudie), während die Verteilung der übrigen Ebenen in etwa gleich geblieben ist. Erstaunlicherweise ist dieses Ergebnis nicht direkt durch das Vorhandensein des Lösungsplans zu erklären, wie bereits die Auswertung der Lösungsplan-Kategorie in Abschn. 6.3.2.1 zeigt: Nur für diejenigen drei Interventionen, die einen *allgemein-strategischen Hinweis mit Lösungsplan-Bezug* (*AL1* und *AL2*) enthielten, wurde die strategische Ebene kodiert. Der Lehrer könnte sich also durch das Vorhandensein des strategiebezogenen Instruments stärker dazu veranlasst gefühlt haben, während des gesamten Intervenierens vermehrt auf strategische Elemente zu verweisen. Dieses Resultat weist darauf hin, dass er offenbar durchaus über ein – gegenüber den in der Unterrichtsstudie gezeigten Interventionscharakteristika – erweitertes bzw. differenziertes Interventionsrepertoire verfügt, das er in gewisser Weise an vorliegende Bedingungen bzw. Erfordernisse anpassen kann.

- Auch bezüglich der mit den Interventionen verbundenen Absichten von Lehrer 2 sind die Subkategorien in der Unterrichtsstudie und der Strategiestudie in etwa gleich verteilt. Ein Unterschied lässt sich jedoch bei Betrachtung der *offenen Hinweise (AB3c)* feststellen. In der Unterrichtsstudie (wie auch in der Laborstudie) neigte der Lehrer dazu, schnell von derartigen offenen Interventionen zu stärker unterstützenden Hinweisen überzugehen (vgl. Abschn. 6.2.4). In der Strategiestudie schien er hingegen den Lösungsplan zu nutzen, um zurückhaltender zu intervenieren: In mehreren Fällen nutzte er eine Intervention mit explizitem Bezug zur oben genannten Lösungsplan-Strategie als offenen Hinweis und ließ die Schüler den Lösungsprozess anschließend selbstständig fortsetzen.

Insgesamt zeigen die in diesem Abschnitt dargestellten Ergebnisse zur Strategiestudie, dass die Verfügbarkeit allein eines derartigen modellierungsbezogenen Strategieinstruments nicht ausreichte, um das Interventionsrepertoire des Lehrers in der gewünschten Weise zu erweitern bzw. den langjährig automatisierten Einsatz eines eventuell bereits erweiterten Repertoires hinsichtlich eines stärker adaptiven Gebrauchs zu beeinflussen. Zwar konnten positive Tendenzen festgestellt werden, für eine situativ-flexible Anwendung eines umfassenden Interventionsrepertoires scheint es jedoch eines intensiven und längerfristigen Trainings zu bedürfen.

Literatur

Leiss, D. (2007). *Hilf mir es selbst zu tun. Lehrerinterventionen beim mathematischen Modellieren.* Hildesheim: Franzbecker.
Leiss, D. (2010). Adaptive Lehrerinterventionen beim mathematischen Modellieren. Empirische Befunde einer vergleichenden Labor- und Unterrichtsstudie. *JMD, 31*(2), 197–226.
Webb, N. M. (2009). The teacher's role in promoting collaborative dialogue in the classroom. *Brisith Journal of Educational Psychology, 79*, 1–28.

Zusammenfassung und Ausblick

7

Die Intention der im vorliegenden Buch dargestellten Studie war es, eine konzeptuelle Grundlage zur Beschreibung von Lehrerinterventionen zu schaffen und diese zur Untersuchung des Lehrerhandelns während der Begleitung selbstständigkeitsorientierter Lösungsprozesse beim mathematischen Modellieren zu verwenden. Ausgehend vom didaktischen Anspruch eines konstruktivistisch-selbstständigkeitsorientierten Mathematikunterrichts stand dabei insbesondere die Frage im Fokus, welche Verhaltensweisen bzw. welche spezifischen Charakteristika des Interventionsverhaltens geeignet erscheinen, um adaptiv auf die heterogenen Lernvoraussetzungen der Schüler sowie die Bedingungen der jeweils vorliegenden Situation einzugehen und ihnen so eine möglichst eigenständige Aufgabenbearbeitung zu ermöglichen.

Die zur Bearbeitung der Thematik durchgeführte Studie war dabei nicht konzipiert, um plakative Resultate wie etwa, dass ein bestimmter Lehrerinterventionstyp mit signifikant besseren Testleistungen der Schüler verbunden ist, zu generieren. Vielmehr sollte aufgezeigt werden, wie eine Auswahl erfahrener Mathematiklehrkräfte, die der neuen Aufgabenkultur und Kompetenzorientierung im Mathematik positiv gegenüber eingestellt sind und die zu Beginn der Studie bereits über mehrjährige Erfahrung mit der unterrichtlichen Behandlung realitätsbezogener Problemstellungen verfügten, Schüler selbstständigkeitsorientiert unterstützen. Dazu wurde – vor allem ausgehend von den in den Kap. 2 und 3 dargestellten Forschungsdesideraten – zunächst ein stärker explorativ-hypothesengenerierender Ansatz gewählt, der eine deskriptiv orientierte Analyse des Unterstützungsverhaltens der teilnehmenden Lehrer während der Bearbeitung einer komplexen mathematischen Modellierungsaufgabe ermöglichen sollte. Es zeigte sich, dass mithilfe des zu diesem Zwecke entwickelten Kategoriensystems, das auf einem allgemeinen Prozessmodell von Lehrerinterventionen aufbaut, eine reliable Beschreibung der erhobenen Daten möglich war und dass sich damit auf der Individualebene der teilnehmenden Lehrer strukturelle Charakteristika des Interventionsverhaltens aufdecken und analysieren ließen.

D. Leiss und N. Tropper, *Umgang mit Heterogenität im Mathematikunterricht*,
Mathematik im Fokus, DOI: 10.1007/978-3-642-45109-6_7,
© Springer-Verlag Berlin Heidelberg 2014

Die Lehrkräfte agierten dabei in drei verschiedenen Teilstudien, sodass Lehrerinterventionen

1. in einer regulären Unterrichtsstunde,
2. in einer Laborsituation mit Schülerpaaren und idealisierten Rahmenbedingungen sowie
3. in einer ergänzenden Studie, bei der dem Lehrer ein Instrument zur Verfügung stand, das strategische Impulse für die Schritte des Modellierungsprozesses bereitstellt,

betrachtet werden konnten. Die innerhalb dieser Teilstudien erhobenen Daten wurden schließlich in verschiedenen Analyseschritten ausgewertet, um ein differenziertes Bild lösungsprozessbegleitenden Lehrerhandelns zu erhalten:

- In Fallanalysen wurden Lehrerinterventionen in problembezogenen Einzelfällen qualitativ ausgewertet, um genauere Einblicke in situationsbezogene Einflüsse auf und die Wirkung von Interventionen zu erhalten sowie insbesondere um die Bedeutung von Kontextfaktoren und heterogenen Lernvoraussetzungen für die Beurteilung der Adaptivität des Lehrerhandelns herauszuarbeiten.
- Durch Analysen des gesamten Datensatzes der Unterrichtsstudie sollten – sowohl durch die Berücksichtigung formaler Interventionscharakteristika als auch durch Häufigkeitsanalysen der im entwickelten Kategoriensystem verwendeten Interventionskategorien – verallgemeinerbare Aussagen über verschiedene Merkmale des lösungsprozessbegleitenden Lehrerhandelns im Unterricht gewonnen werden.
- Es wurde eine vergleichende Analyse der Resultate aller drei Teilstudien durchgeführt, um abschätzen zu können, (a) welchen Einfluss generelle unterrichtliche Rahmenbedingungen auf das Interventionsverhalten der Lehrpersonen haben und (b) ob das im unterrichtlichen Handeln sichtbare Interventionsrepertoire eines Lehrers durch die Bereitstellung eines unterstützenden strategischen Instruments erweitert werden kann.

Die in Kap. 6 dargelegten Resultate offenbaren insgesamt, dass prozessbezogenes Intervenieren in heterogenen Lerngruppen eine äußerst komplexe Tätigkeit darstellt. Dies gilt insbesondere dann, wenn Schüler in ihrem Lernprozess individuell so unterstützt werden sollen, dass sie so selbstständig wie möglich weiterarbeiten können.

Vor allem die Ergebnisse der qualitativen **Fallanalysen** sind geeignet aufzuzeigen, dass ein derart adaptives Interventionsverhalten von einer Vielzahl situationsbezogener Faktoren abhängt und eine genaue Diagnose der Ausgangssituation sowie der Vorbedingungen der beteiligten Akteure voraussetzt. So hat das erste Fallbeispiel in diesem Zusammenhang beispielsweise gezeigt, dass eine möglichst zurückhaltende Intervention nicht immer zu einer erfolgreichen Fortführung des Lösungsprozesses durch die Schüler führt, dass also Minimalität und Adaptivität in Bezug auf Lehrerinterventionen nicht gleichzusetzen sind.

Auch wenn es sich bei unterrichtlichen Interventionen um einen alltäglichen Aspekt von Mathematikunterricht handelt, weisen die deskriptiven Befunde der **Unterrichtsstudie** darauf hin, dass die Lehrer nur zum Teil über das für eine selbstständigkeitsorientierte Unterstützung der Schüler benötigte Interventionsrepertoire verfügen bzw. ihr vorhandenes Interventionsrepertoire nicht immer situationsadäquat aktivieren konnten. So wurden innerhalb der Unterrichtsstudie mehrere Interventionsmerkmale festgestellt, die nicht mit dem in diesem Buch verwendeten Adaptivitätsbegriff einhergehen, z. B. charakteristische Laufwege im Klassenraum, welche – statt inhaltlicher Gründe – die Reihenfolge der besuchten Schülergruppen bestimmen, eigene Ansprüche der Lehrer als häufiger Grund für Eingriffe in den Lösungsprozess sowie der äußerst seltene Einsatz strategischer Interventionen.

Der **Vergleich von Unterrichts- und Laborstudie** zeigte zudem auf, dass das Leisten (adaptiver) Hilfestellungen offenbar nur in geringem Ausmaß durch generelle unterrichtliche Rahmenbedingungen wie etwa Zeitdruck und Anzahl simultan zu betreuender Lösungsprozesse (negativ) beeinflusst wird. Betrachtet man die zahlreichen Interventionsmerkmale, die im Vergleich beider Studien fast unverändert geblieben sind, so entsteht der Eindruck, dass Lehrer über gewisse Interventionsroutinen verfügen, die sie nahezu unabhängig von der Existenz derartiger Rahmenbedingungen einzusetzen scheinen. So kommentierten die Lehrpersonen beispielsweise in beiden Teilstudien Fortschritte im Lösungsprozess durch regelmäßiges Feedback und tendierten bei vorliegenden Schülerfehlern dazu, im Sinne einer selbstständigkeitsorientierten Unterstützung zurückhaltende Interventionen durch indirekte Hinweise zu geben. Auch einige der in der Unterrichtsstudie festgestellten nicht-adaptiven Interventionsmerkmale blieben stabil. Die meisten tatsächlich vorgefundenen Unterschiede zwischen beiden Teilstudien lassen sich unmittelbar durch den veränderten organisatorischen Rahmen der Laborstudie erklären (so etwa der deutlich geringere Anteil an Schülerfragen als Interventionsauslöser, der u. a. damit zusammenhängt, dass im Vergleich zum Unterricht in jeder Laborsitzung nur zwei Schüler agierten und potentiell Fragen stellen konnten). Vor allem der geringere Anteil diagnostischer Interventionen in der Laborstudie weist jedoch darauf hin, dass verbesserte Rahmenbedingungen – in diesem Fall die Möglichkeit auch ohne regelmäßiges Eingreifen den gesamten Lösungsprozess diagnostizieren zu können – die Lehrerinterventionen positiv beeinflussen können.

Auch im **Vergleich von Unterrichts- und Strategiestudie** zeigten sich ähnliche Verhaltensweisen. Während die Häufigkeitsverteilung der meisten Subkategorien von Auslöser, Ebene und Absicht der Interventionen nahezu unverändert blieben, ließen sich positive Tendenzen in zwei Bereichen erkennen. Einerseits nahm der Anteil strategischer Interventionen des Lehrers in der Strategiestudie deutlich zu, andererseits gelang es dem Lehrer häufiger als in der Unterrichtsstudie, offene Hinweise zu geben, ohne direkt im Anschluss in eine kleinschrittigere Unterstützung zu verfallen. Die Analyse des konkreten Einsatzes des Lösungsplans zeigte allerdings eine in mehrfacher Hinsicht stark beschränkte Verwendung dieses strategischen Instruments: Ausschließlich in der ersten Hälfte der Unterrichtsstunde wurde bezogen auf weniger als ein Drittel der Schüler nur eine von zehn Strategien des Lösungsplans in die Lehrerinterventionen eingebunden. Die beobachteten Einsatzbedingungen des Lösungsplans geben jedoch einen Hinweis darauf, dass der Lehrer ihn zumindest in einer spezifischen Weise in sein Interventionsrepertoire integriert hat, nämlich um bei konkret vorliegenden Schülerfehlern durch Lösungsplaninhalte indirekte bzw. offene Hinweise zu geben.

Die Betrachtung der dargestellten Resultate sollte jedoch auch einen Blick auf deren Ver-
allgemeinerbarkeit miteinbeziehen. Zunächst besteht die Lehrerstichprobe nur aus vier
Personen, die zudem insofern eine Positivselektion darstellen, als es sich ausschließlich um
erfahrene SINUS-Lehrer mit mehrjähriger Erfahrung bezüglich der unterrichtlichen Behandlung realitätsbezogener Aufgabenstellungen handelt. Entsprechend können aus den vorgestellten Resultaten keine unmittelbaren Schlüsse bezüglich des Interventionsverhaltens von
Mathematiklehrkräften allgemein gezogen werden. Vielmehr ist es denkbar, dass bei einer
zufällig gewählten Lehrerstichprobe bezüglich einer selbstständigkeitsorientierten Schülerun-
terstützung noch basalere Schwierigkeiten festzustellen wären als die in Kap. 6 beschriebenen.

Weiterhin wurde mit der Modellierungsaufgabe „Tanken" eine Aufgabe mit spezifi-
schem Anforderungsprofil eingesetzt, sodass nur bedingt Rückschlüsse auf die Behandlung von Modellierungsaufgaben im Allgemein gezogen werden können. So stellte sich
etwa heraus, dass die Lehrer in ihren Interventionen vor allem auf den zweiten und sechsten Schritt des Modellierungsprozesses fokussierten. Wie stark dieses Resultat jedoch auf
gewisse Aufgabencharakteristika, spezifische Schwierigkeiten der Lernenden mit der Aufgabe oder ggf. allgemeine Präferenzen der Lehrpersonen bei der Behandlung realitätsbezogener Problemstellungen zurückzuführen ist, kann aufgrund der vorliegenden Daten nicht
beurteilt werden. Entsprechend bedürfte es in diesem Zusammenhang der Erprobung mit
Modellierungsaufgaben unterschiedlichen Typs bzw. unterschiedlicher Anforderungen.

Zudem muss im Vergleich der drei Teilstudien bedacht werden, dass die Lehrer nur
in der Unterrichtsstudie in ihren eigenen Mathematikklassen agierten, während sich in
den übrigen Teilstudien Lehrer und Schüler vor der Unterrichtssituation nicht kannten.
Hieraus könnten sich insbesondere Probleme in Bezug auf ein adaptives Unterstützungsverhalten für die Lehrer ergeben haben, da Wissen über spezifische Schülervoraussetzungen als eine Grundlage für gezieltes Eingreifen fehlte und die Lehrer deshalb
ausschließlich auf ihre Prozessdiagnose im laufenden Unterricht vertrauen mussten. Es
kann also nicht abschließend beurteilt werden, ob das Handeln der Lehrpersonen in der
Labor- und der Strategiestudie allein durch die veränderten organisatorischen Bedingungen oder auch durch diesen Fakt beeinflusst war.

Die Bedeutung der in diesem Buch dargestellten Inhalte und Ergebnisse soll abschließend aus zwei unterschiedlichen Perspektiven reflektiert werden:

Für den **praktizierenden Lehrer** stellt sich heute mehr denn je die Frage, wie mit
heterogenen Lernvoraussetzungen einer Lerngruppe so umzugehen ist, dass jedes Indi-
viduum bestmöglich gefördert wird.[1] Mit prozessbezogenen Lehrerinterventionen

---

[1] Dabei ist den Autoren bewusst, dass – aus forschungsmethodischen Gründen – im Verlauf der Analysen nur ein kleiner Ausschnitt dessen, was tatsächlich die Heterogenität innerhalb einer Klasse aus-
macht, berücksichtigt wurde, sodass die Vielschichtigkeit individueller Lernunterstützung hier eventuell
verkürzt dargestellt erscheinen könnte. Um die Adaptivität von Lehrerhandlungen noch genauer beurteilen zu können, müssten in einem vergrößerten Forschungsrahmen differenzierte Informationen über
lernrelevante Schülervoraussetzungen (z. B. sprachlicher und religiöser Hintergrund, fach- und kon-
textbezogene Wissensbasis, fachbezogenes Selbstkonzept, Strukturen und Rollenverteilungen innerhalb
der betroffenen Lerngruppe) mit erhoben und in die Analysen miteinbezogen werden.

wurde in der vorgestellten Studie ein spezifisches, in diesem Zusammenhang bedeutsamen Problemfeld untersucht, da Lehrpersonen bei der unterrichtlichen Begleitung von Schülerlösungsprozessen permanent mit der Unterschiedlichkeit der Schülervoraussetzungen und -reaktionen konfrontiert sind. So unterstützen die dargestellten empirischen Ergebnisse die Aussage, dass „kaum eine andere unterrichtliche Tätigkeit [...] das Geschick des Lehrers so sehr [beansprucht] wie die sachgerechte Leitung des Lösungsgeschehens" (Winnefeld 1963, S. 96f.). Insbesondere bei der Behandlung mathematischer Modellierungsaufgaben tun sich für die Schüler vielfältige Hürden auf, woraus sich für Lehrpersonen die Anforderung ergibt, adäquat in Bezug auf die jeweilige Hürde sowie den Schüler und seine spezifischen Voraussetzungen zur Überwindung der Hürde zu reagieren.

Das vorliegende Buch liefert keine Patentrezepte zum Umgang mit Heterogenität im Mathematikunterricht und zum adaptiven Intervenieren, sondern ist vielmehr intendiert ein Bewusstsein für die Komplexität adaptiver Lehrerinterventionen sowie der zahlreichen zu berücksichtigenden Einflussfaktoren zu schaffen. Insbesondere in der Auseinandersetzung mit den Fallanalysen und den Häufigkeitsauswertungen der verschiedenen Interventionskategorien zeigen sich konkrete Anknüpfungspunkte, um das eigene Handeln im Unterrichtsalltag zu reflektieren (z. B. die Bewusstmachung der eigenen Gründe für Eingriffe in Schülerlösungsprozesse oder des Grades der Lenkung, der mit gewissen Hilfestellungen verbunden ist) und ggf. gezielt anpassen zu können.

Unterrichtspraktisch relevant ist vor allem auch das Detailergebnis, dass die Schüler in allen teilnehmenden Klassen offenere, selbstständigkeitserhaltende Hilfestellungen häufig nicht im gewünschten Maße aufgriffen und die Lehrer stattdessen um genauere Hinweise bzw. Instruktionen baten, die diese in der Regel auch bereitstellten. Dies zeigt auf, dass es nicht genügt, als Lehrperson bestmöglich auf Situationen individueller Lernunterstützung vorbereitet zu sein. Vielmehr sollte gemeinsam mit den Schülern an einer entsprechenden Unterrichtskultur gearbeitet werden, sodass unproduktive Gewohnheiten und eingeübte Muster auf Lehrer- wie auf Schülerseite allmählich aufgebrochen werden können und den Schülern somit Gelegenheit gegeben werden kann, Inhalte tatsächlich so eigenständig wie möglich zu konstruieren.

Für **Forschende** im Bereich der Lehrerinterventionen und des mathematischen Modellierens besteht der Wert der vorgestellten Studie – abgesehen von einer Vielzahl interessanter Detailergebnisse – einerseits darin, dass ein geeignetes Instrumentarium zur Beschreibung unterrichtlicher Lehrerinterventionen, insbesondere während der Bearbeitung mathematischer Modellierungsaufgaben, geschaffen wurde. Andererseits ergibt sich aus der Erkenntnis, dass das adaptive Unterstützen modellierungsbezogener Lernprozesse anspruchsvoll und komplex ist, die teilnehmenden Lehrer aber offenbar nicht in ausreichendem Maße über die dazu benötigten Handlungsmöglichkeiten verfügen, die Notwendigkeit für weitere Forschungsansätze in diesem Bereich.

So müssten, um längerfristig konkrete Schlüsse für die Lehreraus- und -weiterbildung in diesem Bereich ziehen zu können, zunächst Merkmale des Lehrerhandelns identifiziert werden, die sich positiv auf die Lernprozesse der Schüler in selbstständigkeitsorientierten Lernumgebungen auswirken. Aus allgemein-pädagogischer Sicht bedarf es hierzu weiterer theoretischer und vor allem empirischer Arbeiten zu adaptiven Lehrerinterventionen und deren Zusammenhang zu Schülerselbstständigkeit und Lernerfolg, um schließlich einer Operationalisierung des Adaptivitätsbegriffs näher zu kommen. Aus fachdidaktischer Sicht müssen Interventionscharakteristika herausgearbeitet werden, die erfolgversprechend in Bezug auf die gezielte Förderung spezifischer Kompetenzen wie mathematischer Modellierungskompetenz sind. Insbesondere die Resultate der Strategiestudie, zusammen mit dem geringen Anteil strategischer Interventionen in den übrigen beiden Studien, werfen in diesem Zusammenhang die Frage auf, inwiefern Lehrer – etwa im Rahmen spezifischer Fortbildungsveranstaltungen – dazu befähigt werden können, Schüler adaptiv durch strategische Interventionen im Modellierungsprozess zu unterstützen, und inwiefern durch ein derartiges Verhalten Lösungsprozesse positiv beeinflusst und die Modellierungskompetenz der Lernenden nachhaltig gefördert werden kann.

Weiterhin müssten, um tiefere Einblicke in prozessbegleitende Lehrerinterventionen zu erhalten, die Zusammenhänge der verschiedenen Interventionsmerkmale umfassend analysiert werden, um dadurch nicht nur spezifische Interventionsmuster und -gewohnheiten von Lehrpersonen aufdecken zu können, sondern auch, um deren Auswirkungen auf den Lernprozess untersuchen zu können.

Aufgrund der wachsenden Relevanz der Thematik *Umgang mit Heterogenität im schulischen Fachunterricht* (hier: Mathematikunterricht) wäre es zudem wichtig, die in der vorliegenden Studie vorgefundenen Resultate zum prozessbegleitenden Lehrerhandeln beim mathematischen Modellieren auch auf andere Kompetenz- und Inhaltsbereiche innerhalb, aber auch außerhalb des Mathematikunterrichts zu übertragen. Die Ausweitung der oben skizzierten Forschungsperspektiven auf fachliche Lehr-Lern-Prozesse im Allgemeinen würde zudem zu einer Verbreiterung der Wissensbasis über (adaptives) Lehrerhandeln im Mathematikunterricht beitragen. Von einer derartigen Wissensbasis ausgehend könnten Lehrpersonen einerseits dazu befähigt werden, in unterschiedlichen (mathematischen) Lernsituationen, gezielt auf die heterogenen Lernvoraussetzungen ihrer Schüler reagierend, selbstständigkeitserhaltende Interventionen einzusetzen. Andererseits könnte die Heterogenität einer Lerngruppe auch als Chance verstanden und durch gezielte Interventionen produktiv für die Gestaltung fachlicher Lernprozesse genutzt werden.

Literatur

Winnefeld, F. (1963). *Pädagogischer Kontakt und pädagogisches Feld*. München: Ernst Reinhardt Verlag.